U0167365

装饰工程策划与设计

盖永成　郭潇　编著

ZHUANGSHI
GONGCHENG
CEHUA YU SHEJI

中国水利水电出版社
www.waterpub.com.cn
·北京·

内 容 提 要

本书以探讨适当的设计方法、设计策划与设计思路，完成项目设计的最终理想目标为目的，从理解项目、设计理念、项目功能、材料与预算、设计程序、设计策划、投标文本、设计方法等八个知识单元全面系统地进行阐释，理论知识系统全面、设计实践案例丰富，力求使读者更好地掌握装饰工程策划的工作方法与思路，最大化满足业主的目标需求，打造完美的设计方案。

本书适合高等院校环境艺术设计专业师生作为教材或教辅使用，也适合建筑设计、环境艺术设计等行业的设计师及管理者阅读。

图书在版编目（CIP）数据

装饰工程策划与设计 / 盖永成，郭潇编著. -- 北京：中国水利水电出版社，2024.1
ISBN 978-7-5226-1860-9

Ⅰ. ①装… Ⅱ. ①盖… ②郭… Ⅲ. ①建筑装饰－工程施工－高等学校－教材②建筑装饰－建筑设计－高等学校－教材 Ⅳ. ①TU767②TU238

中国国家版本馆CIP数据核字(2023)第198134号

书　　名	**装饰工程策划与设计** ZHUANGSHI GONGCHENG CEHUA YU SHEJI
作　　者	盖永成　郭　潇　编著
出版发行	中国水利水电出版社 （北京市海淀区玉渊潭南路 1 号 D 座　100038） 网址：www.waterpub.com.cn E-mail：sales@mwr.gov.cn 电话：(010) 68545888（营销中心）
经　　售	北京科水图书销售有限公司 电话：(010) 68545874、63202643 全国各地新华书店和相关出版物销售网点
排　　版	中国水利水电出版社微机排版中心
印　　刷	清淞永业（天津）印刷有限公司
规　　格	210mm×285mm　16 开本　8.75 印张　255 千字
版　　次	2024 年 1 月第 1 版　2024 年 1 月第 1 次印刷
印　　数	0001—2000 册
定　　价	**56.00 元**

本 书 编 委 会

主编 盖永成　郭　潇

参编 盖文来　马程程　路大壮　王真子　张天骄
　　　　李雪婷　金荣美　王亚昕　郭红利　麦振曦
　　　　赖文惠

作者简介

盖永成

广东科技学院艺术设计学院教授、环境设计专业带头人、研究生导师；教育部人事司艺术类设计学专家评委成员，教育部学位与研究生教育发展中心评审专家，中国建筑装饰协会创新中国空间设计大赛专家评审组成员。

主要研究领域：商业空间环境设计研究。

郭　潇

大连民族大学设计学院教师、贵州大学省部共建公共大数据国家重点实验室博士后；辽宁省土木建筑学会乡村振兴与小城镇建设专业委员会委员、大连理工大学滇西产业发展研究院特聘专家。

主要研究领域：建筑空间数智化保护及设计研究。

前言

　　本书是基于以装饰工程策划与设计为课题的思考与研究，针对笔者撰写的专著《室内设计程序与项目运营》《室内设计思维创意方法与表达》重新加以修整。其内容是根据在设计工作中不断思考所整理完成的，出版目的是通过出版的交流平台相互学习，共同分析理解设计本身的服务特征，识别不同服务对象的意图与心理，厘清自身的责任范围，掌握工作的方法和思路，把握未来的设计之路。

　　装饰工程策划是一种创造性地进行理性逻辑思维预测的构思程序，通过全面的环境调查，在遵循客观规律的前提下，理性智慧地创造程序，并构思制定一系列根据实际项目条件可改动调整的方案，通过一定的方法构思和设计某种解决办法。装饰工程策划通过科学理智的设计完成行之有效的项目策划方案，是在装饰工程项目采取行动前的必要准备。装饰工程策划十分具有挑战性，这不仅需要丰富的经验和信心，更需要创新开拓的勇气，在锻炼自身设计能力的同时还会使学生的协作能力得到卓越的提升。如何用有限的资源解决预期的难题是在策划过程中着重考虑的，所以激发创意和潜力显得尤为重要。想要做好装饰工程策划，不仅要对已有的资源做相应的归纳整理以提高实用价值、创造领域优势，并且需在熟知的领域获得新的领悟，培养新的思路，从整体的角度匹配各种因素。

　　装饰工程策划具有以下几个特征：首先，策划必须有创新意识，将有限的资源条件进行整合、归纳及筛选，再加之概念和理念上的创新以起到增加惊喜的作用；其次是资源的必要性，无论是物质或是关系资源都为策划提供了必要的设计前提；再次是策划的整合性，对于已有的资料进行合理充分的归纳总结，形成一套系统的方案；最后是策划的目的性，通过量化的过程达到最终的预期目标。

　　在此过程中，即要对物质基础和组织结构等进行具体的整体规划，又要通过分析全国装饰市场的发展现状，满足法律法规要求，以实现利益的最大化。第一，装饰工程首先明确策划目标，对相关的专业背景做全面分析，还要分析市场和行业的现状。对现实问题进行总结，考察装饰市场的消费和竞争情况，以诚信为本，讲求策略。第二，装饰工程策划要为消费者提供个性化设计服务，设计与预算要让消费者清晰明了。要建立企业和顾客消费者的伙伴关系，形成鲜明的品牌形象。要多与消费者沟通，在设计过程中，对存在的问题及时解决。第三，装饰工程策划要尽量采用环保材料，提供智能型的装饰装修，让理念和信誉得以传播。并通过多种途径传播信息，做好宣传策划吸引消费者。

　　如果项目策划是探查问题，那么装饰设计就是解决问题。设计方案的实质是在回答业主困惑的问题。只有在全面收集相关信息之后，业主的实际问题才能够明确。设计过程包括分析——准备或者探索、综合——澄清或者领悟。因此，整个设计过程实际上是一个创造性的策划过程。设计市场瞬息万变，竞争日益激烈，这是每个设计师所面临的残酷现实。在竞争的游戏规则面前，在业主不断变化的需求面前，笔者认为设计团队首先要抓设计管理这一因素，才能立于不败的境地。但是多少年来，设计与管理无缘，设计师往往作为策划链的最后一环的关键人物才参与到工作中，以致带来由于先天不足产生的诸多问题。在很多情况下，设计师可能只是在做兼职的设计顾问，这就使得设计师更加远离决策中心。由于设计活动无法对主要的决策产生影响，因此一直处于受支配的地位，创造性难以充分发挥。随着国际设计团队的涌入与冲击，越来越多的国内设计团队开始关注并尝试开设设计策划课题，并走出实验性的第一步参与决策。当下，设计师的作用越来越接近于决策圈。所以本书设计师的概念已不再是个人，而是由多学科的专家所组成的坚实的设计团队。

本书撰写目的是探讨适当的设计方法、设计策划与设计思路，完成项目设计的最终理想目标，体现最适宜的价值要求，满足业主的目标需求，共同创造有意义的艺术作品。本书可作为环境艺术设计专业的学生教材或参考用书，通过学习本书可掌握装饰工程项目策划应用与方法、设计方法、设计运作程序与设计思路，将理论知识与社会实践相融合，为在校学生进入社会走向工作岗位打下基础。

本节由 10 位来自天南地北的老师共同合作完成，全书由郭潇老师统稿并整理，感谢 10 位老师的辛苦努力。同时也期望能得到各界人士的襄助和博雅君子的指正，让我们的工作能够做得更好！

本书为教育部人文社会科学研究项目（21YJC760022）阶段性成果，在此感谢教育部的支持！

盖永成
2023 年 1 月

目录

前言

第1单元　理解项目 ··· 1

1.1　项目定位 ·· 1

1.1.1　规模与投资 ·· 1

1.1.2　档次与选址 ·· 2

1.1.3　经营模式 ·· 3

1.1.4　目标人群 ·· 6

1.2　项目背景 ·· 8

1.2.1　周边环境 ·· 8

1.2.2　运作时间 ·· 10

1.2.3　涉及范围 ·· 11

1.3　项目要求 ·· 11

1.3.1　项目标准 ·· 11

1.3.2　节能与环保 ·· 13

1.3.3　智能与智慧 ·· 14

1.3.4　设备与照明 ·· 15

第2单元　设计理念 ··· 18

2.1　设计元素 ·· 18

2.1.1　建筑的延伸 ·· 18

2.1.2　文化语言 ·· 19

2.1.3　设计风格 ·· 22

2.2　总体把握原则 ·· 25

2.2.1　总体性 ·· 25

2.2.2　自然性 ·· 25

2.2.3　资源整合 ·· 26

第3单元　项目功能 ··· 28

3.1　功能分区 ·· 28

3.1.1　纵向分区 ·· 28

3.1.2　横向分区 ·· 30

3.2　流线分析 ·· 33

3.2.1　横向流线 ·· 33

　　　3.2.2　纵向流线 ·· 34

第4单元　材料与预算 ·· 37

　4.1　初步主材提案 ·· 37

　　　4.1.1　初步主材样式 ·· 37

　　　4.1.2　样板制作 ·· 40

　4.2　前期造价分析 ·· 40

　　　4.2.1　总造价概算 ·· 41

　　　4.2.2　工程量计价方式 ·· 42

　　　4.2.3　清单计价特点 ·· 43

　4.3　预算阶段 ·· 44

　4.4　主材调整 ·· 44

第5单元　设计程序 ·· 45

　5.1　方案阶段 ·· 45

　　　5.1.1　概念草图 ·· 45

　　　5.1.2　初步方案 ·· 47

　5.2　设计阶段 ·· 48

　　　5.2.1　扩初方案 ·· 48

　　　5.2.2　成熟方案 ·· 50

　5.3　施工阶段 ·· 57

　　　5.3.1　了解现场 ·· 57

　　　5.3.2　细节跟踪 ·· 57

　　　5.3.3　档案管理 ·· 58

　　　5.3.4　竣工总结 ·· 60

　　　5.3.5　竣工图编制 ·· 61

第6单元　设计策划 ·· 64

　6.1　设计谈判 ·· 64

　　　6.1.1　运作 ··· 64

　　　6.1.2　站位 ··· 65

　　　6.1.3　互动 ··· 65

　　　6.1.4　协商 ··· 66

　　　6.1.5　落实 ··· 66

　6.2　设计表达 ·· 67

　　　6.2.1　演示 ··· 68

　　　6.2.2　述标 ··· 68

　　　6.2.3　步骤 ··· 69

　　　6.2.4　技巧 ··· 71

　6.3　设计品牌 ·· 71

　　　6.3.1　核心实力 ·· 72

　　　6.3.2　品牌文化 ·· 74

      6.3.3　管理模式 ··· 74

      6.3.4　风险意识 ··· 79

      6.3.5　综合素质 ··· 82

第7单元　投标文本 ··· 84

  7.1　设计要求 ··· 84

      7.1.1　参数的准确性 ··· 84

      7.1.2　设计规范 ··· 85

  7.2　设计深度 ··· 86

  7.3　文本编制 ··· 88

  7.4　汇报 ·· 89

      7.4.1　文图对应 ··· 89

      7.4.2　亮点阐述 ··· 90

      7.4.3　汇报大纲 ··· 91

第8单元　设计方法 ··· 92

  8.1　设计思维 ··· 92

      8.1.1　思维结构 ··· 92

      8.1.2　思维形式 ··· 92

      8.1.3　思维特征 ··· 93

  8.2　设计灵感 ··· 94

      8.2.1　灵感类型 ··· 94

      8.2.2　灵感特征 ··· 94

      8.2.3　灵感引发 ··· 95

      8.2.4　感悟自然 ··· 96

      8.2.5　空间联想 ··· 97

  8.3　设计创意 ··· 99

      8.3.1　智慧与激励 ·· 99

      8.3.2　推理与创新 ·· 101

      8.3.3　意识与再造 ·· 102

  8.4　设计项目实训 ·· 103

      8.4.1　酒店类 ··· 104

      8.4.2　餐饮类 ··· 114

      8.4.3　休闲洗浴类 ·· 114

      8.4.4　商业展卖类 ·· 116

      8.4.5　办公类 ··· 117

      8.4.6　健康医疗类 ·· 122

      8.4.7　居室类 ··· 124

第1单元
理解项目

1.1 项目定位

在装饰工程策划与设计的过程中，如何把握正确的设计方向，把握准确的设计定位，体现设计的"独特亮点"，以及处理好与客户的关系，是每个设计师必须面对的实际问题。设计定位的目的就是少走弯路，或者不走弯路。可以说，项目定位的正确与否，是设计项目谈判成败的关键，也是设计师引导设计方向的航标。

在装饰设计项目定位阶段，首先需要考虑外在因素。如政策、周边环境市场、区域整体情况，以及消费市场的价格成交情况等，根据供求关系对客户群体规模与投资、经营模式的定位，对项目规模与投资、经营模式问题的思考、判断和评估是设计师最早开始且最重要的工作之一。项目规模与投资、经营模式的定位既有原则性，又有灵活性；既是绝对的，又是相对的。如果项目背景信息太少，会导致对功能理解的片面性，进而导致设计的方案不成熟。信息应该是适量的、广泛的，但又不超出与整个设计问题相关的范围。另外，还要考虑内在因素，考虑整体设计定位包括项目的档次、业主的品位、设计导向、功能之间的协调，并分析整体细节上的组合关系，具体包括平面功能分析、流线分析、竖向设计分析、空间分析等，以及材料、工艺、技术等不同角度，装饰设计项目的决策需要一套专业知识规范与方法。设计师通过分析项目情况，对项目设计内容做出最终确定，行使决策的主导权，同样，投资人或业主也是确定项目性质的决策者。

1.1.1 规模与投资

1. 项目规模

装饰设计项目规模设定、投资计算与政策、周边环境市场、区域整体情况，以及消费市场的价格成交情况等要素密切相关，需要整体策划并具备合理性。项目的设计功能和规模标准的指标也有一定的区别，不论装饰工程项目的规模和项目的策划投资是否正确，其主要经济技术指标都会对未来发展有着重要的影响。

装饰设计项目的主要技术经济指标包括：

(1) 设计目标。根据业主的需求，在设计中对项目功能做合理的定位，并且能够与城市规划和环境保护相结合。对指定项目的功能、流线、节能环保、结构、构造等做定性和量的要求（图1.1）。

(2) 投资规模。主要包括经营、总投资额度、容纳人数、项目类型、套数等使用面积、经营面积，如酒店项目建筑中的总面积设定、体量设定、客房数和床位数，投资规模根据市场评估确定，包括设计项目等级、结构的设计、使用年限、耐火等级、装修标准等。

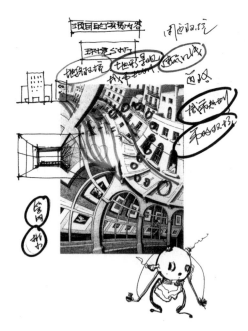

图 1.1　项目规模与技术指标

（3）技术指标。主要包括建筑面积、用地面积、地上和地下的分项建筑面积、基底面积、容积率、绿地面积、绿地率、建筑密度、室内外以及地上地下的停车泊位、核心建筑的层高、层数、总高等指标；项目的技术指标应符合国家规范和标准。

（4）造价指标。主要包括装饰工程建设项目投资估算及建筑工程单位面积造价、单位工程造价等。

2. 项目投资

装饰工程的项目投资不仅包括整体的形象规格和总投资额，还包括对项目消费水平的评估。项目的选址和市场经济条件也影响着整体项目的形象，项目要与项目的投资和最终开发目标相吻合。

在大规模的装饰工程投资项目中，资金是通过多种途径获得的。项目工程的招标要求也是根据上述不同的投资方式来制定的。

一般的招标项目多是使用各级财政预算资金和各种财政专项建设基金的投资项目，以及国有企事业单位投资占控股或者主导地位的工程建设项目，招标管理、计划管理、资金支付、验收评价等必须执行《中华人民共和国招标投标法》和《中华人民共和国政府采购法》等相关法律法规的严格规定。其他必须依法进行招标的非国有资金占控股或者主导地位的依法招标项目，在相关法律规定范围内享有较多的自主决策权。

1.1.2　档次与选址

装饰设计项目的策划过程离不开谈判对象，即业主，包括客户、开发商、投资方等，其次是项目运作，需要整合各种信息资料（场地、资金、专门投入）的个人或组织。客户与开发商可以是个体，即一家公司或一个公共组织。业主可能是由管理层、高级行政人员组成的股东、理事会及理事会成员。客户与开发商的要求与技术性指导很大程度上取决于其经验和专业技能。客户与开发商一般聘请项目代理机构和现有管理团队做项目代理，针对项目做市场调查分析、服务客源分析、选址分析、收集汇总资料、准备项目经营计划书，提交项目计划报告、项目设计策划书、基础设施调查报告。

业主的品位和需求千差万别，对于不同的客户群体要有不同的定位，这不仅反映了企业与客户的关系，也反映了企业的价值需求。考虑项目的档次定位有助于根据不同的项目情况，将资源进行合理分配，提高业主的满意度。

通常来讲，不同价值观的客户对项目的期待和结果有所不同，高品质的客户会希望得到高于普通客户的待遇。而这部分客户往往是会为企业创造极大价值的，要根据不同的情况提供有针对性的服务。

1. 消费者特征分析

（1）市场：某一地域的商务活动的不同人群，引发了对功能不同档次的需求。

（2）经济：因经济形势和金融政策决定限制投资投入。

（3）位置：合适场地的地价，以及是否拥有完善的基础服务设施和开发机遇。

（4）企业：对要求进行恰当阐释并具备成功推进项目所需资金和专家的企业组织。

以上是按照不同的消费者特征把潜在市场分成若干部分，成为不同档次的目标市场。

2. 项目规模分析

客户和开发商对于项目规模的相关问题容易感到困惑。在一个整体建设项目中，规模大小的设定与一系列的项目与运营的相关评估和计算有关，并非所想的那样简单。项目的规模策划和定位是否正确，在很大程度上制约着项目整体的合理性，并且会直接影响项目未来的生存和发展，项目的规模档次分类如下：

（1）装饰工程项目投资档次。包括企业形象、规格、档次与级别的设定，项目投资总额（包括资金成本和工期成本）的确定。

（2）装饰工程项目建设档次。包括项目用地总面积的确定，项目总建筑面积的设定，项目建筑体形、体量的设想。这里有一个"量体裁衣"的法则：投资档次由市场评估而来，建设规模由投资规模而定。当然，市场评估中还包括客源调查、社会与环境研究、地理位置分析等几项内容。投资规模问题中，还包括资金成本计算、投资回报周期和风险系数等不少议题。

设计师与客户之间的关系，是整个项目策划中的实质问题，是项目运作成功和失败所面临的重要课题，所以设计师前期与客户进行深入的沟通时，一定要对整体项目的有关问题进行实质性的了解。由于设计最终是要提供给客户使用的，在设计中项目的档次、性质等问题都应该在实际设计中从认识到了解然后到最终达成共识，并且对业主关心的问题进行价值取向的判断，确定业主最关心的问题。业主投资的规模不同，项目和特定的细分市场、设施优化，以及投资的范围均会有所不同，存在着不同类别方式的分类办法。

3. 项目档次的决策

如何指导装饰工程项目专业化策划？这是一个核心问题，在许多情况下，组织机构中的负责人并不是真正的决策者。不仅如此，谁是最后的决策者经常成为一种猜谜游戏，无论如何，重要的是在每一次进行谈判和协商之前，都要搞清楚具体环境下的决策结构是什么。在这些复杂的决策群体内，冲突是难免的。如果出现了问题，设计师应该事先进行私下交流和处理，避免协调会上无法确定。业主可能是公司的中层管理者和中层行政人员，也可能是现在或未来的使用者。此外，其他利益相关的市民团体也开始加入到业主群体中来，虽然这类群体不是最后的决策者，但他们能够推动、影响项目的决策。

4. 项目选址

装饰工程项目的选址不仅影响到项目的投资，更加决定着项目的未来命运。如果没有正确的选择和评估项目位置，在一个选错的地点上再次投资加大项目的规模，会给投资人带来难以估量且无法挽回的巨大损失。虽然很多房地产开发商都明白地段的重要性，但是在实际操作实施中却很难把握。由于确定位置好坏的因素有很多，在平衡了诸多利弊关系之后常有牺牲位置的选择，从而导致投资人经济上巨大的损失。

事实上，如果从纯经济意义上看，对选择位置的评估已经包括了市场评估的大部分基本内容，已经构成了"可行性研究"的主体。也就是说，一个内容真实、结论客观的投资项目可行性研究报告应该是以充分而完整的位置判断和评价为基础的。

1.1.3　经营模式

研究设计项目的实质，主要是研究项目的发展战略、发展方向、经营领域、经营规模与经营成果等，根据研究项目全局和未来发展的长期性经营政策和策略，有针对性地进行策划与设计。在前期项目策划过程中，一般明智的开发商会邀请设计师加入设计前期项目策划的工作。了解设计项目经营状况是设计项目必须掌握的秘密武器，随着经验与见识的积累，设计师也掌握了项目的经营设置评估及研究工作，正在脱离传统的思维模式和习惯。目前项目的经营模式、营销计划（定价和分销、广告和提升）、规划和开发计划（开发状态和目标、困难和风险）、制造和操作计划（操作周期和改进）是设计师所要了解的实质性问题。设计是为经营服务的，离开经营的概念，设计是完全无目的性的设计。一名优秀的设计师，应该以一个经营者的身份来看待设计，了解流程与规范。由于经营业态的不同，经营模式也会有所不同，其范围较广，需要设计师在实际操作中加以理解。

前期项目工程策划主要有设计策划和经营策划两个方面，两者之间相辅相成，在整体的装饰工程策划中都具有十分重要的影响。设计师不仅要懂得设计策划和设计中的经营，还要对相关策划设计中的管理服务内容有一定的了解。在保障工程需要的前提下，再去追求建筑本身的意义和设计师在创作中的灵感与理念。

专业化的装饰工程策划设计对项目本身的生存发展是非常重要的，其中的一些方面主要考验设计师对信息的掌握和把控能力。过程中要避免因自身的主观理解去判断设计方案的好坏而导致多次修改。把工程项目中的功能、文化和建筑环境进行完美结合并融会贯通，这是建立高水平经营与管理的必要条件，最终设计方案需经得起推敲，有品位且更加实用。

1. 项目经营模式

如果不了解项目的经营模式，设计师如同没有舵手的船舶，不知航行的方向，设计便无从下笔。经营模式是企业根据其经营宗旨，为实现企业所确认的价值定位以及所采取某一类方式、方法的总称，包括企业为实现

图 1.2　项目经营模式

价值定位所规定的业务范围、企业在产业链的位置，以及在该定位下实现价值的方式和方法。由此看出，经营模式是企业对市场做出反应的一种范式，其在特定的环境下是有效的手段。根据经营模式的定义，企业首先有企业的价值定位。在现有的技术条件下，企业实现价值是通过直接交换还是通过间接交易，是直接面对消费者还是间接面对消费者，这些都需要定位的准确性。处在产业链中的不同位置，实现价值的方式也不同（图 1.2）。

由定义可以看出，经营模式的内涵包含三方面的内容：一是确定企业实现什么样的价值，也就是在产业链；二是企业的业务范围；三是企业如何来实现价值，采取什么样的手段。

根据在产业链中的位置、企业的业务范围、企业实现价值的不同方式，可以区分出不同的经营模式。下文从经营模式的内涵所包含的三个维度对经营模式进行分类。

产业链的所属位置可以分为以下几个部分：设计活动、营销活动、生产活动和其他辅助活动，其中最重要的是信息服务部门。根据对产业链位置的不同选择，可以得出八种不同的组合，即八种不同的经营思想和模式：销售型、生产代工型（纺锤型）、设计型、销售＋设计型（哑铃型）、生产＋销售型、设计＋生产型、设计＋生产＋销售型（全方位）和信息服务型。

2. 项目业务范围

业务范围的确定，也就是产品和服务的确定，它始于产品或者服务给企业带来价值的大小，以及新的产品和服务对原有产品和服务的影响。根据业务范围可以划分为如下两类经营模式：

（1）单一化经营模式。单一化经营又称专业化经营，是指企业仅仅在一个产品领域进行设计、生产或者销

售，企业的业务范围比较单一。这类经营模式的优点是企业面对的市场范围比较有限，能够集中企业的资源进行竞争；风险在于众多的竞争者可能会认识到专一经营战略的有效性，并模仿这种模式。

（2）多元化经营模式。多元化经营模式分为三种基本类型：集中化多元经营、横向多元化经营和混合多元化经营。集中化多元经营是指将一些增加新的、但与原有业务相关的产品与服务。这种经营方式的特征是提供的产品或者服务与现有的产品或者服务有一定的相关性，提供的对象有可能是现有的顾客，也可能是新顾客；企业可能投入相当的资源拓展新的市场，也可能通过现有的营销网络进行经营。横向多元化经营是指向现有的用户提供新的与原有业务不相关的产品或者服务。它的特点是提供的产品或服务与现有的产品或服务没有相关性，并且被提供的对象是现有的顾客而不是新的顾客，也就是利用现有的市场营销网络进行经营。混合多元化经营是指增加新的与原有的业务不相关的产品或者服务。它的特点是企业提供的产品或者服务与现有的产品或者服务不相关，提供的对象有可能是原来的顾客，也可能是新的顾客，企业有可能投入相当的资源进行新的市场开拓，也有可能通过现有的营销网络进行经营。

3. 实现设计价值的方式

实现设计价值的方式可以借助于战略来实现，因此实现价值的竞争战略也是一种经营模式，此类经营模式主要有以下三种：

（1）成本领先模式。成本领先模式是指发现和挖掘所有的资源优势，特别强调设计项目和研发，实行设计规范化、标准化，在行业内保持整体成本领先。

（2）差异化模式。向顾客提供独具特色的设计与服务被称为差异化模式，差异化模式为设计带来额外加价。要想让这种差异化的公司取得更多的竞争优势，设计与服务的价格就会超过设计所增加的成本。

（3）目标集聚模式。目标集聚模式是指在特定的顾客或者某一特定地理区域内，也就是在行业很小的竞争范围内建立独特的竞争优势，公司能够有效地为顾客群体设计与服务。

除此之外，设计公司实现价值的方式还有其他途径，通过这些途径可以解决资本、空间障碍等方面的问题，从而保证设计的专业性、合理性、连贯性。

4. 经营方式

经营需要运行，设计师进行针对性的分析，把握住环境的现状和将来的变化趋向，避开设计的不利因素。

（1）企业的主体环境。项目的主体环境的因素是指与企业经营相关的个人和集团，如股东、顾客、金融机构、交易关系单位、竞争企业、外部机关团体等。企业环境的一般因素是由社会的政治因素、经济因素、文化因素和科学技术因素等因素构成的。了解企业的主体，可以了解设计主体的品牌、文化思想，明确设计的优势和劣势，做到知己知彼，从而使设计项目的发展和计划建立在切实可靠的基础上。实际操作中，首先要了解项目的主体结构，即明确影响业主的投资能力的，根据实际情况对项目进行分类。其次，在分类基础上，切实掌握企业现有能力的实际情况，这关系到设计的合理性，也是设计项目的关键。最后，对业主能力进行评估。通过对工程项目投资能力的分析，预测对装饰工程设计运作与经营起着决定性的因素，设计团队须根据项目实际情况的经营与运作来适应环境的变化，否则设计经营战略目标便难以实现，甚至增加危机或被淘汰的危险。

（2）设计目标的设定。作为室内设计项目策划的制订，都需要以一定目标为依据。设计任务是一项战略性、长远性的运营策划，故一个设计团队必须确定长期战略目标，以作为制订发展计划的依据。目标的设定，原则上应以适应环境变化和团队能力为依据。例如，作为设计业务承揽发展计划来说，反映设计任务量的经营成果的定量目标，一般包括收益性和成长性两项目标：收益性目标，一般包括总资本利润率、单项利润率、周转率等；成长性目标，包括主要设计项目任务量增长率、市场占有率、利润额增长率等。

上述目标值的设定，一般采用社会平均值、同行业优秀企业和国际类似的优秀企业为参照标准给予设定。一般来说，设定设计目标值要高于社会平均值，并尽可能向同行业优秀的基准挑战，这有利于保持同行业的竞争力，也有利于判断经营是否成功。

1.1.4　目标人群

目标人群的定位对整个项目十分关键，这就要求在前期对购买市场做一定的调研分析。从年龄、职业、收入等方面对目标人群做不同的定位，然后再根据数据表现对客户群进行特征分析和类比群体特征，再通过价格和人群素质定位，综合分析人群特征。通过这些数据分析，目标市场的组成和实际的购买能力会具有很高的重复率。从客户群体的支付能力来分析，就可以对目标市场有一定的了解。最终的项目无论在什么样的人群市场中，项目的区域、环境等都会对其造成影响。而目标人群与项目的适合程度则是要看综合素质与区域的状况。我们可以采用市场调研的方式，对目标范围人群进行调研，从中了解目标人群对项目的需求等相关信息。根据区域文化以及社会消费心理则不难判断出客户的实际情况，根据文化教育程度、经济基础和收入来源等对目标人群进行合理的推理。

1. 调查了解

业主的工作环境、教育背景、做事风格以及个人修养等，与业主的品位息息相关。对于业主间的这种差异，应该形成一种专属性的定制服务。这就要求前期对业主做全方位的调查和了解，与业主进行一定的沟通，适当地了解业主的想法。

在与业主沟通的过程中，会有诸多不同的问题展现在设计师面前，通常比较普遍存在的问题是大部分的业主不了解自己的需求，也不清楚美学的脉络，所以往往盲目地制定出一些不太合理的要求，比如单纯模仿欧美的风格等，这样可能对设计师造成一定的限制。因此，当客户提出要求和审批方案时，设计师应从不同的角度来思考，尽量发挥创意。特别是当城市居住和工作空间都很紧张的状况下，设计师就更应该重视并理解客户的需求，提升业主的品位，务求每寸地方都能合理地利用，尽量使客户满意。

此外，设计主要矛盾的产生也有设计师自身的问题，比如设计创意不足，没有摸清业主的真实想法，包括设计思路缺乏创新、记忆语言无序、功能与形态过渡不当、工艺性与造型性的矛盾、形态受力不合理、使用方式与结构原理不协调等。因此，需要设计师与企业主进行有效地沟通交流。设计师考虑的因素除了各种有关的限制条件、设计规范、文化背景、地段特点等"静态"因素外，还有一个非常重要的部分——"动态"因素，也是最不容易理解但却必须掌握的因素。

2. 沟通判断

沟通判断是设计中必不可少的过程，沟通和了解投资方的意图能够让设计更为精确。对于设计风格而言，应该符合客户的个人爱好。在与业主的沟通阐述中，低调平和的态度是设计师首先要遵循的原则。作为设计师要用认真的态度贯穿整个方案设计的始终，通过沟通阐述和变通找到合适的办法将经典与个性、品位与修养很好地结合，设计师要对项目中各种复杂的条件和问题进行综合分析评价，提高对项目的整体认知，对遇到的问题区分主次并归类，让核心问题得以突显，因此设计师应该具备敏锐的观察能力，透过表象探查事物的本质。

针对项目的沟通包括以下几个方面：

(1) 与业主需求的沟通。了解业主最关心的问题，并进行价值取向与判断。

(2) 对使用性质的了解。明确基本功能需求，设计的基本功能仅仅对于业主及使用人群有其意义，它的作用是不为人所知的，甚至只有当设计有缺陷的时候，人们才能够感觉到它的存在。

（3）技术设备之间的沟通。技术设备的特殊性对于设计师来说是一个挑战，因为每个项目在技术上一定会有不同的要求。同时协调各技术设备专业之间的关系。（图 1.3）。

（4）施工工艺之间的协调。在施工中遇到问题时设计师要学会灵活应变。室内设计绝不是一件可以草率解决的事情，设计方案通常是反复多次才能使客户满意。这些问题间的相互交叉和重叠会呈现出一种混乱无序的状态。当面对设计项目中的诸多问题时，要在整个设计中综合多方面的因素，科学理智地思考并且表达自己的想法。

3. 提升审美

设计是为人服务的，在满足功能的前提下，审美也需要被业主所接受（图 1.4）。在社会发展多元化的今天，业主的生活习惯也是多样的，设计师要做的是把各种元素整合在一起，帮助业主改善生活的环境，提升生活的品质。根据不同类型的客户，设计师可以采用不同的沟通、交流方式，以达到既满足业主要求又体现设计师思想的效果。例如对于听觉型客户，就要多讲设计信息，对于视觉型客户，就要多画图，多做图解说明，以达到更好沟通的目的。

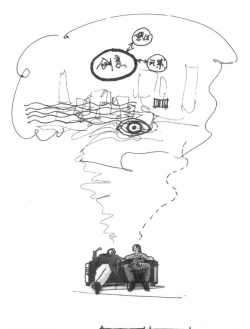

图 1.3　沟通与了解客户的想法

为了在专业人士、业主之间进行清晰有效的沟通，设计师必须对收集到的信息精心整理。业主因职业的关系，对设计品位的感知可能不足，促进理解，并由此做出正确的决策。沟通时流程图显然比文字描述更容易理

图 1.4　设计审美与品位

解，所以尽量使用简单的图表，图表要主题鲜明，同时高度概括和抽象，为设计创新留有余地。这将有助于业主更好理解装饰设计方案，充分发挥设计师的思考和审美。

4. 快速决策

设计师进行方向性的引导，只有及时和正确的决策，才能成就一个好的项目策划与设计。在前期项目策划中，设计师需要告知业主哪些决策是在设计之前必须做出的，以及业主要决定完成项目的内容和完成后的品质效果。

设计师可以提供若干设计方案的选择，或者通过对项目概念的检验引导业主的决策。例如，设计师可以问："我们是需要一个中央接待台？还是若干接待台？"通过列举目标和概念，这样决策者可以理解不同的概念并评估对目标的影响。虽然不要求完全的客观性，但是设计师应该尊重业主的决策。

设计师必须正确引导业主做出决策，错误的决策往往会导致项目开工之后不得不重新做设计项目策划的局面。如果业主的决策能够使问题明确，那么即使有返工也是次要的，不会对设计方案产生重大影响。如果业主迟迟不做决策，那么设计方案很可能难以实施。

项目前期策划期间，决策可以减少大量替代方案的设计费用。根据业主在项目策划中的决策确定符合项目要求的方案，减少替代方案，设计问题将进一步简化。有条理的、实用的决策会使要求更清晰，设计范围更明确。决策与解决问题包括以下两个方面：

(1) 确定核心功能定位，分离出若干个功能与联系，并针对功能与联系的解答；

(2) 寻求解决问题的途径，研究各个局部的细节问题，寻找局部问题的理想解答，将局部问题聚合成整体，形成对关键问题的整体解答。

5. 服务意识

服务意识是实现业主满意的前提，服务一方面有非常量化的标准，另一方面看做是一门艺术。设计师应有效地将项目设计中的一些人员进行合理的组织分配，提高服务的质量，提升业主的体验感及满意度。此外，应建立企业品牌形象，提升企业的品牌价值。服务意识包括以下三个方面：

(1) 超前服务意识。设计师在业主提出需求之前就提供解决方法，这是超前服务的一种体现。因人而异地进行沟通与交流，通过业主的穿着、言谈、举止进行针对性的设计汇报，在保证业主满意的同时，只有提供超过预期的服务才能最终达到盈利的目的。

(2) 超值服务意识。在主要的服务之外为顾客提供附加服务，如情感关怀、传授设计规范知识及设计审美学知识等，顺势发展设计理念，做到"物超所值"的超值服务意识，同时也能使服务增值。

(3) 超常服务意识。设计师为业主提供超过行业标准的服务，以合理化和人性化的服务意识作为前提和基础，将超常服务意识作为最终标准和目标。除了超越同行业技术水平外，应更加注重超常的服务意识。

1.2 项目背景

在分析项目背景时，首先要详细地描述市场，包括主要的竞争对手、市场驱动力等。

1.2.1 周边环境

装饰工程项目周围环境状况是选址时不可忽略的因素，设计前应对周边环境做深入细致的考察，包括以下几个方面的分析。

1.　环境分析

（1）周围自然环境及自然景观分析。

（2）社会、历史、人文景观分析（图 1.5）。

（3）周围道路交通动线分析。

（4）城市配套设施条件分析。

（5）城市规划部门的相关法规文件。

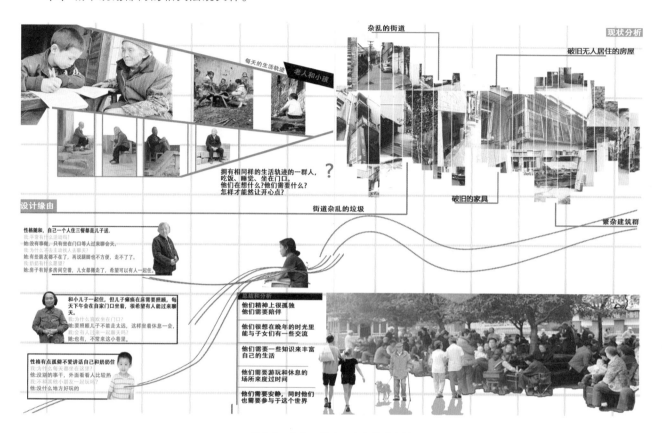

图 1.5　社会、历史、人文景观分析

2.　市场调查分析

（1）顾客。

（2）市场容量和趋势。

（3）竞争环境和竞争优劣势。

（4）估计的市场份额和销售额。

（5）市场发展的走势（对于新开拓市场而言，这一点相当困难，但一定要力争贴近真实）。

3.　设施分析

（1）市政设施。包括项目经营所必须具备的能源供应，如水、电、燃气、下水设施、周边道路和建筑的建设与绿化、垃圾处理设施、通信设施、无线网络、消防设施等。

（2）市政服务。包括与上述设施有关的服务和环卫、环保、治安等情况。这将决定项目周围是否具有良好的社区环境。有的店铺虽然设在城区干道旁，但因为周围的设施缺失使生意大受影响。所以想要达到项目的成功，对周边复杂环境的细致分析是必不可少的，需要根据不同的经营项目来最终确定合适的选址地点，要因地制宜地制定选址方针，不可盲目地追求热闹的场所，因为尤其是服务行业更要强调个性和文化，对于更为细节的经营内容要进行进一步的划分，对每个经营者和设计人员来说，对周边环境的分析和认识十分重要。设计师必须要做到认真理性的分析和仔细的考察，最后慎重得出结论，否则，可能会对未来的运营造成无法弥补的损失。

1.2.2 运作时间

1. 生命周期

在激烈竞争的商业化设计市场环境里，只要抓住一次绝佳的机会，便可以让设计团队趁势而起，开创新局面。然而，黄金机会稍纵即逝，团队要如何抓住，运用这样的机会呢？下面介绍几点需要注意的内容：

(1) 在不断变化的环境中，团队必须持续保持信息畅通，以随时掌握最佳时机，及时快速采取应对方案。

(2) 持续讨论各种可能的情境。

(3) 周详地查勘调查。

(4) 经营团队成员观点多样化。在装饰工程项目前期策划中，经营团队中的成员提出多样化的不同观点时，与管理层进行频繁互动和讨论最有效果。因为多样化的观点在不同的立场中可以尽早地发现问题，以建设性态度提出异议，获得的资讯越及时就越能使团队掌握更多的成功机会。

2. 掌握机会

设计团队在保持信息畅通的情况下，需了解市场动态情况，把握项目的机会。团队的管理层要不断研讨可能的商机，进行设计资讯的分析，掌握可行性机会，要善于发现项目中存在的潜在商机，更好地来评估这些新的挑战，在把握核心策略和能力的同时，应尽早行动，避免犹豫不决而错失良机。对设计师而言，对项目目标的理解是十分重要的。项目目标会告诉我们什么是业主真正需要的。我们要检验设计项目的完整性、实用性和设计的前瞻性。想要真正地把握住机会，必须做必要的分析、认证、检验、确认等。

团队内部的机遇隐藏于企业声誉或品牌使命的传达，以及团队战略、商业战略或者运营战略中。在团队合并、重组变动的期间，甚至不同场合的非正式会议及交流中同样可以产生机遇。此外，设计项目的机遇可由地区的政策、经济、文化、社会及人口的趋势、科技及法律生成，商机的发现离不开对市场的分析。不同的地区与阶层有着不同的市场需求，可以通过时间差、地区差，以市场为对象，运用科学、系统的方法搜集、整理、分析，有目的、有计划地对市场需求及顾客意见进行调查，从而得出较为准确的预测，甚至一些微不足道的事情，例如一篇报刊信息、一席会谈都能催生设计项目的机遇。

然而，最有价值也最为丰富的设计机遇源自客户本身。以信息来指导创新是现代市场竞争的重要特征，通过客户的行为举止或收集客户关于如何提高服务的反馈意见，都可以获得设计项目的机遇。要把握竞争就必须具有对信息的高度敏感和快速反应。制定设计策划方案，谋划团队未来发展，都应把信息工作放在基础位置上。比如一个设计团队在某地设计的酒店项目被某业主无意中发现并看中，经由酒店方获得设计方的联系方式，业主通过电话阐述自身的诉求，想要在家乡建一座一模一样的酒店，经多次联系才得以会面，而设计方的前提条件是先付一半定金，才能进行实施性商务谈判，这个业主就迫不及待地支付了定金，最终的合作也非常顺利。这里说明了一些问题，一是设计项目的整体效果征服了业主，从而得到设计项目的机会，二是证明设计团队的品牌效应和运营手段非常高明，摸清了业主的心理状态。

3. 设计生命

装饰设计项目的定位与设计生命的长短息息相关，最初的策划设计开始时设计生命的长短就已经被决定了。耐久性不仅功能齐全、风格稳健，而且生命的延续力极强，十多年甚至二十多年都可能不会落伍。虽然有可能会随着时间缺失某种绚丽感，但后期也不必要做太大的改造工程。而时尚型的风格会对市场有快速吸引的作用，能够快速地得到回报。但是缺点在于短周期内的追求，其影响力不足，待风格过时后需要重新改造整个项目，这样做会让项目缺少恒久的品牌形象以及客源。装饰工程项目策划设计不仅是一本厚厚的解说图册，而是饱含责任、经验和智慧的一种洞察、一个研究、一份计算、一套计划。

　　在项目建设中，设计生命的长短与项目建设的正确评估和计划有关，牵一发而动全身。设计项目规模策划与定位的正确与否，在很大程度上制约着项目的整体合理性，更直接关系着未来的生存与发展。整体规模定位是对项目建设总规模和总建筑面积的确定。一般说来，装饰工程项目在投资建设之初，首先会考虑到四个问题：项目性质、项目地点、投资数额、规模大小。而最后一个问题的结论是在前三个问题已经完全确定的前提下才能产生的。项目整体规模的定位一定要以市场为目标，以投资为基础，认真评估，客观判断。

1.2.3　涉及范围

1. 设计内容

　　从装饰设计的工作内容来看，其基本涉及的区域范围可以分为空间形态设计、物理环境设计和陈设艺术设计。建筑设计已经为室内设计确定空间的界定，但由于各种原因，建筑设计的空间常会存在一些不合理之处，往往需要室内设计师对空间的功能配置和空间形态的分解进行二次设计。另外，由于建筑的使用寿命较长，在使用过程中往往需要设计师对其进行多次的功能或形式上的变更或改建。在进行改造项目中，为了满足业主新的功能需要，功能空间的重新分配是不可缺少的环节。因此，从这个意义上看，空间设计也是对未来人们在空间中的情态空间的设计。

2. 设计范围

　　装饰设计的范围主要是针对空间围合的建筑室内环境，包括顶面天花、四周墙面、地面、柱面体，以及根据新的功能需求所产生的对空间的重新限定与分割，包括空间实体和半实体界面的处理。通过界面的色彩、质地、图案，从室内空间的大小、比例、方向等方面的感官与心理感受入手，形成整体空间的品质、趣味、风格和气氛的元素合成。

　　空间的界面设计是室内空间构成中的重要方面，是空间中面积最大的实体因素，具有较强的影响力。在室内界面中，地面和墙面限制了空间的长度和宽度，并形成了人们在空间中的活动。人们不仅通过视觉感知空间形式、色彩和氛围等，还通过其他感官综合判断空间环境的舒适程度。良好的室内环境建立在各种技术因素的基础之上，这些因素包括采光与照明设备、空调与排风换气设备、声学与音响设备、电气设备的运用，以及材料和结构的处理等，舒适的室内环境需要对这些因素进行设计处理和调控。不同气候条件的地区、不同功能的室内空间都有着不同的标准和要求。此外还包括对室内家具、陈设艺术品、灯具、绿化以及室内配套纺织品等方面的室内陈设艺术设计。这些物品在满足使用功能的同时，也是形成室内空间的审美和环境氛围的重要因素。

1.3　项目要求

1.3.1　项目标准

　　装饰工程项目的标准要求包括对各类工程项目在建设中的勘测、规划、设计、施工、安装、验收等步骤间的统一协调和要求。项目标准可以分为强制性标准和推荐性标准两种。

强制性标准是法律法规相关规定的国家和行业标准准则，是由行政主管部门所指定的关于安全等问题提出的标准。

强制性标准包括：

（1）装饰工程项目在勘测、规划、设计、施工以及验收中所通用的整体项目标准和质量检测标准等综合标准。

（2）安全卫生、环境保护等相关标准。

（3）装饰工程项目中重要的测量单位、制图标准、计量单位、符号代号等标准。

（4）工程项目中需要的检验、检测和修改评定的通用标准。

（5）工程项目建设中所需的信息技术和工程建设标准。

推荐性标准是国家或者行业所推荐的非强制使用的标准，是由国家或者相关行业推荐鼓励使用的标准，具有自愿性。

推荐性标准包括：

（1）设计标准：整体工程策划项目中作为设计依据的技术文件。

（2）施工验收标准：施工标准是在具体施工操作中对施工程序和具体技术的具体标准；验收标准是指在竣工和检验时期相关的标准规定。

（3）建设定额：用货币形式来表现的资金使用额度和国家所规定的在单位的建筑产品上所需的劳动及物化劳动的标准。

项目所涉及的标准按属性可以分为：技术标准、管理标准和工作标准。

我国标准的分级：国家标准→行业标准→地方标准→企业标准（从左到右效力依次降低）。

（1）国家标准：全国大范围的技术要求规定准则。

（2）行业标准：非国家性质的，根据整体行业中所需要的一些技术性安全性的相关规定。

（3）地方标准：既没有国家标准也没有行业标准但仍需在某地区范围内所规定的统一可行的相关技术标准规定。

（4）企业标准：是针对企业范围内部所需要的可以相互协调、统一的相关技术要求、管理事项和工作事项所制定的标准。

装饰工程项目标准是为了在对设计策划中相关部门的数据统一和管理使用，在勘测、规划、设计、施工、验收及后期管理等活动进行数据监测和规定，通过这些标准的执行从而达到对技术效果的促进作用，对自身的安全和确保公众利益、经济效益同样具有直接作用，对于保证项目工程的环境质量和运营维护设施有十分重要的影响。同时装饰工程项目标准在对人身安全和社会公共利益中也有着十分重要的影响，并且对于工程建设质量指标的要求上也提出了相关的保障条件。通过具体细致的标准划分消除安全隐患，对技术设施提出统一性的技术要求。通过系统有效的管理可以最大限度地保障人的财产及生命健康安全。

装饰工程项目标准对人们的生活有很大的影响，对标准的严格执行不仅可以让生活环境更加安全，还具有完备的抵御自然灾害的能力。严格执行标准和加强管理可以保证生活安全并减少建设工程的事故。整体的建设标准中对于建筑的结构、地基、施工安全、防火措施、防灾减震、水质，以及运营管理等方面都有明确而严格的规定。对于大型的建筑，如商场、博物馆、酒店等的交通和污水处理应更为注意。工程建设与我们的现实生活息息相关，如何在有效利用资源和符合标准的前提下，为人们提供更为便捷、舒适的生活环境，既是对设计师的考验，也是设计师的社会责任。

我国的标准化开始于机械行业，随着社会的发展每个行业都有了自身的标准指标。尤其是对建筑装饰工程的管理更为严格，目前要由住房和城乡建设部审批，再经由国家标准的部门发布，或者是两个部门联合发布。

装饰工程建筑标准的独立性主要依照以下几个方面：

（1）立项前，项目须经过建设部门审批，建设部门再将其项目列入标准计划；

（2）作相应的资金计算；

（3）其余的将列入国家或者行业标准的计划中，这样的工程建设标准计划在国家或者行业的计划中是单设系列的。

1.3.2 节能与环保

随着社会环境保护的需要，在有限的资源环境中要发挥更大的社会及公共效益，这就要求我们要节约能源，更多考虑可再生能源在建筑设计中的应用，进一步提高效能，提供给人舒适健康的生活环境为人们的身体健康和社会的可持续发展做出贡献，建设与自然生态和谐共处的装饰工程项目。首先，通过合理的设计和有效的资源利用减少对多种资源的浪费。其次，减少二氧化碳等废弃物的排放，减缓温室效应，减少对环境的污染。最后，设计要满足人们的使用需求，为人们提供健康、便捷、高效的空间使用（图 1.6）。

图 1.6 可持续建筑与环境的关系

工程项目的周边应具备干净的水资源和适宜的土壤，为避免恶劣的天气或者灾害的侵袭，应对水和材料等其他资源的消耗损失降到最低，应对建筑的窗、门、外墙等采用新型材料，并充分利用太阳能等可再生能源和高效的保温材料。不仅要注意自然通风条件，还要对自然采光等问题做好相应的处理。拆除旧的建筑时，应对保存良好的砖、石、钢材等物料做好尽可能的回收利用，这是资源回收利用、保护环境可采取的重要现实举措。

设计师合理的规划设计可以让建筑物的空间最大化利用，不仅节能环保，而且可以提高舒适度。加大对太阳能的合理利用，减少不必要的资源能耗，对房间进行合理的节能规划是设计师义不容辞的责任。周边环境的处理要尽量保证一定的绿化面积，以保持生态平衡。这不仅可以达到防风防沙和庇荫效果，还可以美化城市生态环境。除此之外，还要重视空气环境，在使用一些涂料、油漆等挥发性的材料时，应尽量选用较为绿色、环保、无味的材料，以避免长期吸入而导致疾病。

在建筑中节能环保技术主要包括隔热保温技术、太阳能集成窗技术、可再生能源技术、新型能源技术高效低耗技术等。建筑节能是指在降低能耗、合理利用可再生能源的同时，在建筑的低耗节能技术上使用相应的设备和材料，并且加之相应的技术和产品。对于保温制冷和采暖供热等方面应该进行系统化的管理应用。通常来讲，能源消耗的使用情况大多是材料的应用以及交通运输中所产生的大量能耗，施工中所产生的能耗也较为普遍。从建筑内部来讲，常用的电器设备、照明设备、空调及供暖设备等都将产生相当一部分的能耗，因此需要将能源消耗量通过技术和新能源应用等方式进行根本的改革。

节能环保与整个项目规划的设计施工和监管等都是密不可分的，节能对于科技提出了一定的要求，在能源的利用和材料中达到了很大一部分程度的利用，例如对于隔热技术和新型的供冷、供热技术水平的提高、先进的照明节能技术，以及建筑材料中的门窗、玻璃、墙体等节能保温材料的使用。由此可见，工程建设中所涉猎的范围十分广泛，是一项完备而系统的工程。节能系统可以采取一些实际的方法，可以通过建筑师对于建筑中外墙和门窗的设计，加大室内空间的阳光照射面积。可以充分利用大自然中的可再生能源，并且合理的规划也有助于室内的通风换气。对室内的装饰也建议多采用一些绿色植物，不仅可以绿化室内环境、净化空气中的污染和废气，还能在视觉效果上达到一定的美化作用。可以适当巧妙地运用水池的设计，也有助于对中水的处理。可以对人工采光进行智能控制和地热、暖通空调系统的使用，包括能源的相关规划如水、电、燃气、DHC系统等。

可持续建筑是一种综合性很强的系统建筑工程，范围十分广泛。可持续建筑通过对生态环境中多种因素的相互组织以及对一些科技的合理使用，造就了与当地的生态环境相适应的建筑形式。运用适宜的科技手段，将能源的消耗降至最低，使建筑与周边环境相互融合，形成一个良性的循环。设计师运用现代科技手段和生态学等基本原理，调节建筑与环境的关系。

可持续建筑既要保护好大的生态环境，使建筑物对大自然的影响降至最小，又要将建筑内部环境进行改善，对室内空气的洁净程度、自然光源和室内的温度等做到最大程度的利用，对资源循环利用采用多种方式对于建筑进行内部和外部空间的研究规划，在实现节能环保的同时，提高人们的舒适度，创造舒适而健康的内部环境，使建筑设计与自然相适应相统一。

1.3.3 智能与智慧

工程项目的智能化是通过一些网络通信技术、自控技术、安全技术和音频视频技术等提高日常工作、生活中的效率，建立沟通便捷、安全高效的生活环境，并实现节能环保。微处理电子技术可使电器在受到外界环境温度、湿度及光线变化的影响下，将受到的外界信息做自动化的处理，通过计算机将收到的信息发送给中央控制处理器，对相应的外界变化进行讯息接收和处理。

1. 工程项目的智能化组成

科技智能系统包括云服务、计算机网络、智能灯光照明、信息发布。

防范监管系统包括周界防范、监控、综合管理。

2. 智慧云社区的组成

智慧云社区系统由智慧管理系统、监控系统、停车管理系统、信息发布系统、综合布线系统、能源管理系统、周界防范系统、综合管理系统等组成。云服务网络系统主要是由设置在各省市的云服务器和云服务网络构成，最大的业务就是实现增值业务的应用开发。云终端系统主要是完成服务的各种职能对象，比如饭店、医院、物流、超市等，通过在这些职能对象中安装云服务终端，实现与商家云服务网络的无缝对接。

智能化设备依托于科技的发展，处于电器网络发展的核心位置，随着社会的快速发展，越来越多的智能自动化产品运用到我们的生活和工作中。单纯的自动化产品越来越不能满足时代发展的需要，所以智能化设备的产生和普遍应用也为电器的发展做出很大的贡献。对于网络智能化的发展，现代网络比传统网络加入了更多新的功能，比如通过控制家电设备提高系统照明的控制效果。

网络智能化控制系统是通过数字网络技术和高性能控制技术等，将电力系统发展为一个可与信息网络相联通的前瞻性技术。通过这样的网络连接识别使用，使不同类别的电器之间能够协调工作辨别，解决网络电源控制系统对外网络的联系问题是智能化研究的一个方向。

发展通信设备之间的信息联系首先要将智能电源控制系统的品牌特性做相应描述，使相应数据进行交流交换，之后通过信息的传输将网络光纤、红外线等作为运输载体，从而将网络空调、网络热水器等做一定的融合利用。

在智能化发展道路上，我国现阶段还是处于初级阶段，网络智能化控制系统尚在研发与试用中。国际上智能化的发展状况和资金投入告诉我们，智能化控制系统的发展是十分有前景的，对整个社会和人类的发展都有着非常重要的影响。智能化行业的潜力十分巨大，越来越多的智能电器品牌发展壮大，所以要重视对整个市场的调研，同时随着使用人群的逐渐增多，也为智能化的发展提出了新的要求。智能化控制系统在中国将会不断地融合、演变、发展。

高科技在电器中的应用越来越广泛，消费者对于家电领域的智能化需求也越来越广泛，新兴的信息发展领域、服务领域都将面临前所未有的革新。现阶段在我国的智能化市场，日益涌现一批批全新的劳动生产力，政府对智能化、信息化的推动也对国内市场具有重要作用。随着时代和科技的发展，智能化控制系统体现出非常良好的生产基础和生产条件，因此面对巨大的发展潜力，应该从信息发展扩大内需中寻求相应的政策和建议。

1.3.4　设备与照明

工程项目设备的规划设计因其规模、功能的不同而不同，所以在进行具体规划设计时，应当遵循一套兼顾功能和经济成本的设计体系，尤其是酒店、百货店、购物中心、大型洗浴场所等设施。以酒店为例，其内部的多功能厅、游泳池、KTV等设备就较为复杂。

（1）电力设备。工程项目设施所使用的电力设备大致可分为以下几类：

1）基础设备：受电设备、主干线、照明设备、中央控制、POS设备、电话设备。

2）防护设备：防灾设备、保安警卫。

对于电力设备容量的测算，在制定受变电设备规划前，首先要测算使用的电力容量，测算的主要内容包括：照明设备、冷冻冷藏柜、厨房设备、空调卫生设备等动力用电。

公共空间的照度一般约为600lx，电力设备容量大于其他种类建筑。例如，在公共空间中，食品营业厅、超市等场所，集中了大量的蔬菜瓜果，所以在规划时首先要根据所经营商品的数量，确定店内操作间的食品处理设备、冷冻冷藏柜等电力设备的数量，而后再确定整个商业设施的电力设备容量。由于在超过一定规模后，店铺面积越大所经营的食品数量就越多，因此不同规模的商业设施的电力设备容量存在较大差异，可以说电力设备容量主要受到食品营业厅规模的影响。如果公共空间内引入了饮食店、快餐厅等店铺，厨房设备的电气化水平进一步提高，那么对电力设备容量将产生更大的影响。

（2）电信、声音控制系统包括电话系统、背景音乐和广播系统。

电话系统组成结构有以下操作方式：

1）私有自动分支交换机：直接拨号和计费，自动连接外线和分机电话。

2）私有手动分支交换机：所有来电和拨打外线电话都经由接线员控制。

3）私有手动交换机：供分机之间联络的独立内部系统。

4）对讲机系统：供管理、维修或保安直线联络和广播控制系统。

背景音乐和广播系统有以下内容组成：

声音系统对环境气氛的烘托可以起到很好的促进作用，声音系统包括选择、播放及把广播或者音乐中心的内容传送到位于酒店或者度假区各部分的扩音器中，麦克风线路连接组成了整个线路的可逆性。其系统大致可以分为整体组和局部组。整体组同时传播到顾客区域和工作区细部。局部组供研讨会、多媒体厅、展览等特殊功能房间和休息大厅使用。局部归属于整体，局部与整体系统可以相互连接。

扩音器作为声音系统的重要组成部分，为保证效果清晰应有以下功能：

1）足够多的扩音单元。

2）根据功能不同设置多个频道。

3）不同功能区分类音量设置。

4）顾客区域可进行单独选择和控制。

（3）计算机操作系统。

随着网络技术的蓬勃发展，计算机操作系统在管理体系中得到了广泛的应用，高效率的信息处理、个性化的设置、完整的调配系统等，令其成为了现代商业管理层面的重要组成部分。一体化的计算机操作系统能够以独立应用的或是完全整合的方式执行信息与程序，基本内容包括：

1）前台服务：预订、结账、网络识名以及咨询系统。

2）管理部：能源管理、生命和财产安全、安保监控、物业维修服务等。

3）调度部：库存、订货、暖通控制以及客房、工作进度、工资系统。

4）个人应用：一般或特殊工作使用，主要有财务分析、文字文档处理等。

（4）给排水系统。

水是人们生活不可或缺的物质，单纯从维持生命的角度来讲，最低的需求量为 1.5L/人·日，但是要保证人的日常生活则必须确保 200～250L/人·日的水量。而酒店、百货店、购物中心、大型洗浴场所等设施，由于具有季节性的特点，在节假日、中秋节、年末等降价促销的时候，客流量较大。因此，在规划设计设施用水量时，必须对此有所考虑。同时，如果设施内还设有饮食店等不同业态规模的商店，那么水、气的用量变化就将更大，规划设计时应对上述设施的种类、能源消耗情况等进行更加充分的了解。另外，个别出租房的格局结构常会发生变更，所以给排水卫生设备的设计也必须留有修改余量。

（5）暖通系统。

在对公共设施进行空调设备规划设计时，空调设备必须与其自身所具有的如下功能和用途特点相适应。

在布置室内暖通设备时，要充分考虑平面的形状、顶棚的高度、窗的大小及位置，以便决定室内空调机的性能和设置场所。设置室内空调机一般注意事项如下：暖气的温度以 18℃ 以上为标准，尽可能设置在墙壁的中心，以使空气均匀流动，不要让家具遮挡空气的流动；安装室内空调装置时，要在周围留有一定的修理、清扫所需的空间；使用地板下置型时，要使冷风向上，暖风横向吹出；散热器应设置在墙壁的窗下，以防止因冷风装置所引起的不舒适感，散热器应该设置在手不易触碰的地方，以防止儿童受伤；间歇运行暖气时，应该选择具有迅速供暖能力的设备；采用中央式暖通设备时，根据白昼房间的使用方法进行分区，按分区控制室内空调机；对于冷气装置，为了分散冷气，一般设置在顶棚附近，应注意避免产生过冷的设置及布局。

工程项目对于设备的要求不仅包括建筑的消防给水、空气调节系统、燃气与热水的供应、检测控制系统、智能化系统，还包括建筑内部供水、通风排烟系统、设备安装系统。因此，未来方向应是新技术、新材料、新工艺、新设备的规划性和创新性的使用。

第 2 单元
设计理念

2.1 设计元素

任何设计项目都离不开设计元素的提取，设计是多元的、多变的，形式是千姿百态的，但是无论怎么变化，都必须按照美学规律去创造，即采用对称、对比、均衡、和谐等美的原则进行综合运用，从整体意向效果出发，时刻将整体造型与装饰的客观关系放在首位，其次才是各部分的具体设计。

设计师在进行工程项目设计时，首先需要收集相关的信息，并针对这些资料记录下灵感加以整理，对每个灵感"闪光点"进行整合，对不可采纳的信息摒弃，由此找到最佳设计亮点，并归纳为项目方案的发展方向。

具体实施过程是从大量的资料中筛选能说明研究问题的核心内容。筛选不是为证明设计概念的结论而是对资料进行取舍，取舍有两个标准：一是必须能够说明或证明所研究的问题；二是要考虑资料本身所呈现的特点，如出现的频率、反应的强度和持续的时间，以及资料所表现出的状况和引发的后果等。从事实和经验分析开始，推演出有关设计本身的一般属性和本质特征的思维方法。由于设计本身的复杂性、多样性，可按照枚举法或科学归纳法进行整理。枚举法是通过列举有代表性的设计案例来证实研究结论的方法，科学归纳法是对某一门类的部分本质属性和因果关系进行分析，得出研究结论的推理方法。就设计而言，是对设计功能根本属性的运营成本的结果进行全面分析，所得出的结论可靠性程度较高。

2.1.1 建筑的延伸

装饰设计是建筑语言的延续，也是设计师感性水平和理性功力的综合体现。设计师从建筑空间知识和室内设计认知的交叉式学习中不断地获得感悟，从而通过建筑设计的延续塑造室内精神空间。作为设计师应该重视功能，注重建筑本身的实用性和经济性，创造更为人性化的空间，使室内空间更有活力；真正优秀的设计师可以将功能、文化、建筑、环境完美结合、融会贯通。

室内装饰设计环境之间的协调，一是考虑整体性，二是考虑主题性。其包括造型、色彩、灯光和结构的协调关系，还包括室内与环境的协调关系。

1. 整体性

(1) 形式符合内容的要求，即内容与表现形式的统一。

(2) 造型特征的统一，主次得当，避免琐碎杂乱。

(3) 色彩的统一和谐。

（4）表现风格和手法的统一。

（5）局部与整体的牵一发而动全局的关系。

设计师要创造意境，必须着眼于作品具有启发和引导欣赏者进行丰富联想的力量，这种力量一旦形成，欣赏者就会凭借它展开想象的翅膀，达到理想的境地，作品才能发挥其熏陶、感染、潜移默化地影响人们精神的作用。将空间创造出意境，主要是作用于人的"通感"，通过视觉作用到身体和心理，如梅是酸的，雪是凉的。空间的整体感传达出一定的意境，如统一的蓝紫色调给人以冷静、深远的意境，整体的红黄色调传达给人以秋意盎然的意境等，缺乏整体感就无法创造出空间的意境。

2. 主题性

空间的主题性概念就是创造设计师自身的意境空间，以及自身修养的完全体现。从设计的意义分析，空间的功能性是设计师首先要考虑的，然而象征着精神气质的主题内涵则是体现设计品质的一个重要环节，用于表达空间的本质特征、目的及潜在特点，赋予特定区域超出功能之外的特殊意义，即场所精神。由于主题的介入，使空间产生了场的效应，并借助于设计元素、设计符号的象征意义叙述着空间的思想和情感。而主题的选择反映了各种不同的情趣爱好和审美倾向，人们对相同空间的体验和感受不同，文化背景、知识层次、生活环境的差异造成了各自不同的生活态度。因此，空间主题的定位应该是多层面的，有大自然淳朴之美的主题表现，有都市时尚的主题表现，有人文景观和历史文化内涵的主题表现，有自由、轻松、休闲的主题表现等。人们在这些空间中体会着文化的差异性、空间的抽象情绪，从而进行着人与空间的对话，实现人与环境的融合。

这种在满足使用功能基础上的情感交流，给功能空间增加了新的附加值，显现着文化内涵的主题创意，综合体现了空间设计价值的重要特征。其中，空间主题的完整性和鲜明性则依赖于空间合理布局、空间形态架构、色彩搭配组合、材料布置选择以及陈设、装饰品等各要素之间的选择与搭配，取决于室内空间中诸多要素彼此之间主从呼应、有张有弛的协调因素。如果某一元素在塑造空间主题氛围中占据主导环节，那么此时则更需要有章法地、合理地配合运用其他因素。针对设计师的更高标准而言，主题空间的协调性与鲜明性是设计者对主题空间的创意表达能力及综合文化知识素养的充分体现。

设计项目案例分析 1：香洲小人国儿童乐园主题酒店

进入酒店一层大堂如同穿梭在丛林之间，充满惊奇与神秘，本项目寻求打造孩童般的梦境，糖果甜蜜的气息贯穿其中，赋予西瓜清爽的绿色，让孩童乐在其中，让成年人找回童年回忆的新奇感，并提供亲子互动的美妙空间，体验"小人国"民间传说故事。传说一个老太太上山去捡柴草，在石板下发现了个村子，村子里边全住着小人儿，只有大人的大拇指大。

依据"小人国"民间传说故事，共设置六个区域：大堂接待区、休息等候区、儿童礼品区、自助餐厅、亲子主题餐厅、电玩区，其中母婴室设置低尺度的吧台，为母乳喂养及更换尿布提供方便（图 2.1～图 2.7）。

2.1.2　文化语言

什么是设计的文化语言？对于设计来说，文化语言是必要的丰富其内涵的途径。设计思想都是在一定的社会环境下形成的，是某种意识形态的体现。在装饰工程设计中，对文化的把握程度越高，运用在设计中就会把这些无形的认知体现在有形的环境中。可以说设计离不开文化语言，而文化语言又称之为文化内涵。

1. 文化内涵

任何称之为"文化"的事物，即使是隐晦曲折的文化观念或创作意念，都是要通过建筑物质形态显现出来的，都是以建筑营造中的"物化"为前提的。文化内涵就是反映概念中对象的本质属性的总和。不难理解，建

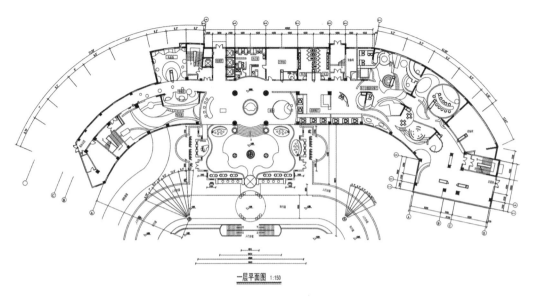

图 2.1　一层大堂平面功能设计

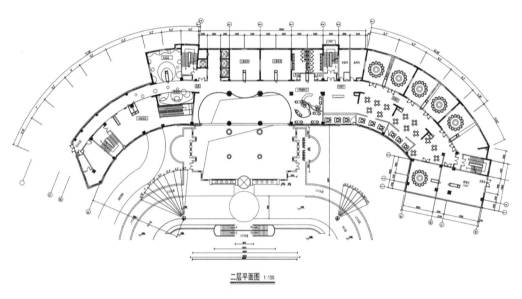

图 2.2　二层大堂平面功能设计

图 2.3　一层大堂休息区设计

图 2.4　二层自助餐厅设计

图 2.5　儿童礼品区设计

图 2.6　二层电玩区设计

筑空间环境的文化内涵应包括：

（1）物质文化方面的属性——具有提供人们享用的空间环境，同时具有为实现这一目的而必须提供的经济技术手段。

（2）精神文化方面的属性——在空间环境创造中所渗透的来自哲学、伦理、宗教等方面的生活理想，以及来自民族意识、民俗风情等方面的审美心态等（图 2.8）。

图 2.7　四层标准客房设计

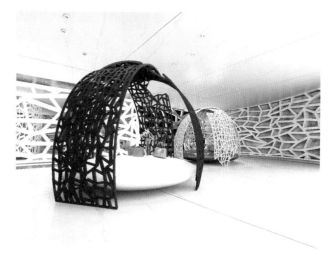

图 2.8　以鸟巢文化渗透不同的空间美学

（3）艺术文化方面的属性——在综合考虑上述基层与深层结构文化因素的同时，努力贯彻艺术审美方面的意念及其拓展表现内容。美国当代著名建筑师弗兰克·盖里就不仅十分关注艺术，同时与当代艺术家保持着十分密切的往来，他曾表示："在一定意义上，我也许是一个艺术家，我也许跨过了两者间的沟谷。"

2. 传统文化

包豪斯创建人瓦尔特·格罗皮乌斯曾说："真正的传统是不断前进的产物，它的本质是运动的，不是静止的，传统应该推动人的不断前进。"这句话被理解为格罗皮乌斯对室内设计时空观的概括。传统的民族文化是劳动人民在各个时代根据不同的客观条件与空间环境总结出来的前人的经验，是吸收外来的精华，又融入自身对人类社会的发展和未来的理想及智慧创造出来的。所以，时代变迁反映于人类社会及其文化传统的现象是显而易见的，同时民族传统随着时代的变迁而发展变化，既是历史的延续又是文化上的一脉相承。

作为当代室内设计师，应该喜爱传统、学习传统、理解传统，但更重要的是提高自身"悟性"。设计师要有深层的思维，而不是简单模仿、照搬具象的传统式样；要努力寻求传统的精髓、神韵和语汇，从而创作出新的文化观念来，寻找现代与传统的契合点，试图在古与今之间找到一个共同的元素，以期达到历史的延续与发展。至今，国内的室内设计文化趋势是将中西文化结合运用到设计中，再考虑人的习惯和地方特色，使空间环境具有灵活性和联系性。空间层次中追求节奏和比例，将中西设计形式进行空间融合，对消费者产生相应的引导与暗示。若在装饰设计过程中不断地进行更高层次的设计理解与构思，就必须对建筑形式的传统文化进行全面了解，以此来提高设计水平。对于文化内涵的把握，要以欣赏的角度去认知和丰富。

在现代社会生活中，信息交流与人际交往频繁，人们在接受外来生活方式的同时，商业气息也愈加浓厚，使人们往往注重对物质舒适度的追求，而忽视了环境对于文化方面的深层意义。这一现象应该引起我们的反思，因为设计的民族化往往是一种文化的积淀，各民族受地理、社会环境的诸多影响，在其漫长的发展演变中逐渐形成了本身的审美情趣，创造出了生动多变的造型样式。因而，这种由历史文化形成的风格具有相当强的个性与生命力，外界力量是很难将其同化的。

室内空间环境设计是一个包含了现代生活环境质量、空间艺术效果、科学技术水平与环境文化建设需要的综合性的艺术设计学科，其任务是根据建筑设计的理念进行内部空间的组合、分割及再创造，并运用造型、照明、色彩、家具、陈设、绿化来传达设计，以及运用设备、技术、材料、安全防护措施等一系列手段，结合人体工程学、行为科学、环境科学等学科，从现代生态学的角度出发对建筑内部环境作综合性的功能布置及整体艺术效果进行设计。换个角度来看，它也受到一个国家的经济发展能力、科学技术水平、文化艺术传统及其民间风俗习惯等多种因素的影响，而经济的发展程度则起着根本性的作用。

在具体设计中，需要提高设计师的文化修养和文化内涵。设计师所了解的文化越多，阅历越丰富，对于设计的把握就更有深度，创作实际上体现的就是设计师的审美与价值观念。这不仅要求设计师要灵活地运用所学知识，更要求对空间结构的理解上升到一个更高的层次。装饰设计中，不仅要注意大空间内部的虚实关系，更要对空间场所的设计有一定的方向性，这种方向性或者导向性对设计的定位起到关键作用。相对于空间结构更深层次的理解，需要上升到意境的程度，把文化情感寄托于设计中即"寓情于景"，才能将设计理念与设计情感表达出来。

2.1.3 设计风格

1. 风格

勒·柯布西耶曾说："风格是原则的和谐，它赋予一个时代所有的作品以生命，它来自富有个性的精神。我们的时代正每天确立着自己的风格。不幸，我们的眼睛还不会识别它。"

风格是指一种精神风貌和格调，是通过造型艺术语言所呈现的精神、风貌、品格和风度，是设计师从设计创意中表现出来的思想与艺术的个性特征。这些特征不只是思想方面的，也不只是艺术方面的，而是从总体创意中表现出来的思想与艺术相统一的并为个人独有或作品独有的特征。在设计过程中，就是要通过室内设计的语言来表现，设计语言汇集成一种式样，风格就体现在这种特定的式样中。在这里，应该强调说明两点：一是风格要靠有形的式样来体现，它不可能游离于具体的载体之外，故"风格"和"式样"常常混称；二是风格又是抽象的、无形的，要求欣赏者根据"式样"传递的信息加以认识和理解。著名建筑设计大师贝聿铭先生曾说："每一个建筑都得个别设计，不仅和气候、地点有关，而同时当地的历史、人民及文化背景也都需要考虑。这也是为什么世界各地建筑仍各有独特风格的原因。"

室内设计发展趋向已经到了多种风格并存共生的多元化时代，未来的室内设计更将是在国际化相融相通的背景下，活跃多种风格，变换诸多流派。许多新思维将应运而生，譬如对异形空间的理解，从盖里的西班牙古根海姆美术馆开始，人们现今已不再只满足于方盒子白色天花的常规空间了，而是刻意地追求不同寻常的空间感觉。社会允许多种风格的存在，也见证了不同流派的兴衰，也只有这样设计事业才会百花齐放，设计水准才能在不断变化中得以提高。设计风格的更迭与交替是设计发展的必然过程，正是由于种种风格的不断更替，才有了人类设计艺术的不断繁荣与发展。

2. 区域语言

装饰设计中的区域语言是指某一个具体地域的特征环境，包括自然环境和人文环境。自然环境中的地形、气候、降水、资源等都是必须考虑的因素，区域语言从人文环境的角度讲是某一个地域的风土人情和文化意识(图 2.9)。对于这些人文和自然的区域差异，形成了区域独特的空间概念，这种自然与意识形态的差异被看作是区域语言中的主要特点。

自然环境因素中，不同的地理条件对工程项目会造成一定的影响，地形、地势的特点对装饰物构建影响巨大。根据不同的形式、规制和不同地域的装饰风格，形成了当地特有的建筑特色。一方面是对于本土传统文化的继承，另一方面是对自然环境的依赖。由于长期积淀的缘故，也具有长期的稳定性，甚至影响着当地人的行为与价值观念。不同的区域特征造就不同的构造美以及大环境下的整体美。

对地域环境的把握主要体现在对周边环境的保护和合理利用，对生态应尽可能减少破坏，积极地与大自然相适应，和谐共处。要充分地利用自然生态中的气候及地理条件，依据地形地势来设计，进而影响区域的局部小气候。此外，经济因素也间接影响着地域环境的构建，在进行工程施工中，应就地取材，多使

图 2.9 不同的风土人情和文化意识形成区域独特的空间概念

用环保节能材料，尽量不要破坏生态循环，合理利用资源，将建筑中的绿色生态技术合理地运用到其中发挥更大的价值，创造便利舒适的环境，实现可持续发展。

在区域语言的意识中，要注意低碳生态的区域建设策略，减少建设中所产生的污染，丰富区域的建筑形式，灵活地进行空间的布局，改造和美化环境。在对气候的考虑中，应注意南北方的气候差异，因为不同的气候会对建筑的风格形成产生一定的影响，同时文化的跨度也会有差异。

由此可见，不同的区域气候环境条件影响着人们的生活方式，逐渐与环境形成的一种气候环境关联，也是影响建筑风格特点的较为稳定的因素。对于天然材料的运用较为合适，因为人们在某个区域长期居住生活，对当地的植物和材料有一种亲切感，并且对本区域的文化有一种认同感与归属感。所以，应从自然中选择合适的建材，与当地的设计风格相融合统一。设计风格迭变的周期性带来的不仅是丰富多样的样式，更重要的是带来了设计的不断超越与进步。从某种意义上说，交替与复兴是一种矛盾，一方面是一种新的重复，另一方面是更换，但是它们又是相统一的。交替是有据可依的，它必然以前一次的历史作为更迭的基础，而复兴不是简单的重复，必定是一种升华了的"复原"。艺术设计的许多现象就是如此，就像风格其实是艺术形式不断交替与复兴而产生的结果。

区域语言体现在与周边建筑风格形成一种和谐的呼应与体系，不管是从建筑的风格表现还是从影响的方面

都要让区域人民感受到建筑的和谐与魅力，将生态自然景观与区域性人为景观相呼应。

设计项目案例分析 2：南宋御街符号餐饮空间设计

餐饮空间设计形态符号在不同区域气候环境下，伴随着餐饮空间整体的设计风格而变化。本项目选址在杭州西湖边，其中杭州南宋御街符号与虚拟形态符号作为在餐饮空间设计中的主要呈现形式。实体符号可以是在餐饮空间中触摸得到的，如符合空间风格的小品、软装、展陈等。南宋御街符号在近几年的餐饮空间设计中应用也较为广泛，通过影像或高科技技术投屏及全息投影，营造餐饮空间中的沉浸式体验。推门而入，置身于白山清水间，淡然处之，浮生若梦，安静了世间浮华。在这里，些许筝音，静坐品茗，品味故事。墙面整面落地，采用青绿色水墨山水表现手法，独坐群山，相看两不厌。

本设计方案占地面积 690m²，餐厅内部分有展示区、散座区、卡座区、包厢，还配有化妆间和换衣间，可供服务人员和顾客使用。一层散座区高峰时间最高可容纳 148 人，二层每个包厢可容纳 8～10 人，一共 4 个包厢，每个包厢有不同的场景，地下一层是厨房（图 2.10～图 2.13）。

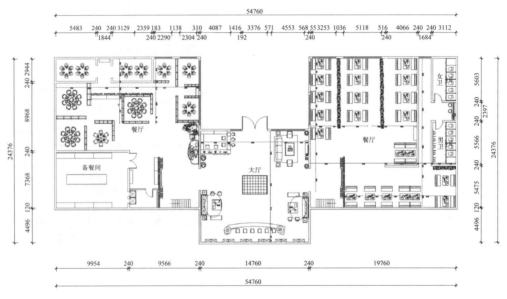

图 2.10 一层餐厅散台区平面设计

图 2.11 南宋御街符号餐厅外部效果设计

图 2.12　一层餐厅散台区设计

图 2.13　一层餐厅服务区设计

2.2　总体把握原则

一个成功的室内设计师，应具备总体把握的能力。每一项室内装饰设计工作都需要三种脑力活动，这些活动都与设计师的职业实践相关：管理、设计和技术，团队合作贯穿其中。

2.2.1　总体性

运作过程总体性包括运作过程的实质性、完整性、规范性、系统性。在项目运作过程中，需要把握每个环节。在装饰工程策划设计的前期投标过程中，要认清项目的真实性，总体把握多种环节来运作。首先是业主参与环节，业主是项目团队的参与成员，并且设计项目策划中的大部分决策是由业主做出的，业主和设计师需要使用图形分析方法来理解数字的重要意义和概念的实际影响。设计师需要全面分析整个装饰设计的环节，其中涵盖了广泛的因素，而这些因素都可能对设计产生影响，这些因素可以通过简单的五步法和四项思考进行区别分析，装饰设计项目策划需要抽象、提炼、分离出要点，反映信息的最主要方面。装饰设计项目策划处理抽象的概念，是解决业主功能问题的操作方案，而不是具体的设计方案。

设计探查方法把项目的策划设计、分析综合看作两个不同的程序，需要不同的思路。装饰设计项目策划团队需要良好的项目管理、明确的角色和责任、共同的语言和标准化的程序。装饰设计项目策划的设计说明书是探查装饰设计项目问题（项目策划）前期运作的最后一步，同时是解决问题（设计）的第一步。因此，设计说明书是装饰设计项目策划和设计之间的界面。它就像接力比赛中的接力棒，从装饰设计项目策划者手中传到设计者手中。在任何情况下，设计说明书都是项目实施流程链条中最重要的文件之一。

2.2.2　自然性

空间设计中的自然性是指在自然空间中叠加时间的因素，不断地改变人们的视角，给人以不同的视觉体验。在有机的空间中采用不对称的方法将环境中的某些传统格式加以改善，形成新的组织网络，打破传统的形式表现方法。空间界面的围合形态不仅要表现空间内涵，还要表现行为主体。要想适应多变的空间界面，需要将全面的空间流动感受进行穿插与贯通，这一点十分重要。由于空间多样化形态的发展，对于空间分布的界限不那么明确了，室内外达到一定的延续，形成一种沟通空间内外的自然区域。

对于空间区域的界定也更加多样化，形成特定的空间表现，形成自身的风格定位与自然意义。自然性空间与环境的关系和表达方式不论是局部或者是整体，要全面概括其内涵。通过对人内心世界的探查，从心理学和社会学的角度，将环境中的一些实际问题进行改善，将以人为本的人本思想贯彻到环境设计中，满足人们的生活和心理需求，并获得特有的精神享受。人们不仅希望从自然的分离中形成独立的生活空间，而且还希望把生活空间代入到自然环境中。

不同区域和时期的空间形式都有自身的特点和不同的设备需求，表达形式也各不相同，对于空间自然性的特征行为也有一定的影响。环境空间的自然性与环境结构有具体相关的联系，例如中国传统建筑中所崇尚的回归自然，设计与自然景观相结合以强化空间形式与环境的合作关系。

2.2.3 资源整合

1. 框架构建

为了便于相互讨论和做出决策，设计师会为信息建立一个特定的顺序。设计师通过与业主之间的协商讨论，最终确定设计信息含量的准确度。通过对信息进行组织分类，更好地将信息补充提炼，建立一套系统的关系来诠释思考与步骤、流程与内容之间的关系，从而得到一个全面的途径。把步骤和思考紧密结合在一起，形成了覆盖整个问题的信息框架，这个框架应该汇集了全部信息的分类汇总，使业主能够主动地做出决策，并将业主的信息反馈在一个理性的框架中进行梳理，这种框架分拣的方式能更好地处理反馈意见（图2.14）。

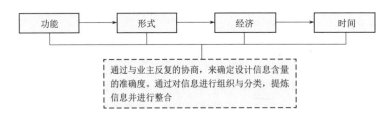

图 2.14 框架形式

框架还可以当作检查信息的核对表，为了达到这一目的，使用列表的方式是非常直观的做法。观察图表分析能够快速发现缺失的项目信息和需要的归类，列表为设计成员提供了一个沟通的媒介，框架还可以被扩展为信息索引即一个由关键内容形成的矩阵，用以找出适用的信息。这些关键内容应该是非常明确的设计范畴，可以涵盖重要设计因素及设计范围，同时应该普遍适用，以满足不同装饰类型的特点。若没有这个框架，要想取得业主的认可并向设计人员移交将是不可能的。通过这个框架，设计师可以把信息归类。被移交的材料即项目策划文件（包括清楚的、简明的设计问题说明），必须是经过整理编辑的信息缩影，不应包含不相关的信息。

2. 推演过程

在收集到的相关信息资料中，所记录下来的设计资料往往是比较潦草而简单的，也并非每个信息都适合于项目。尤其在记录到众多的灵感时，更要注意对资料的整理，把大量的信息及问题进行整理归纳，把不可采纳的信息打散并移植，由此找到最佳设计亮点，并归纳为项目方案的发展方向（图2.15）。

设计资料的推演是对资料进行"去伪存真、去粗取精"的加工、提炼过程，根据原始资料，可以把设计资料分为可用资料和参考资料两类，性质不同的资料所对应的整理过程和方法也有所不同。设计一般根据已经确定的主题来确定研究方法，列出需要收集的资料种类，然后找出资料的来源。不管是采用描述、测验，还是其他形式去收集资料，需要设计师根据研究目的和需要确定收集资料的方法。分析的最终目的是综合，从个别事实和直接经验分析开始，推演出有关设计本身的一般属性和本质特征的思维方法。

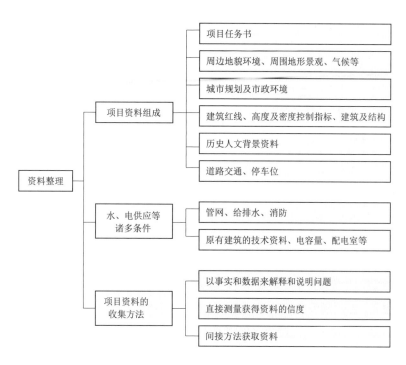

图 2.15　收集整理资料过程

3. 整合升华

由于室内设计本身的复杂性，很难一开始就能从整体上对它有深刻的把握，而必须在逐步分解研究对象的基础上进行整合，力求把握部分对象的本质及其之间的联系。把对研究对象的各个部分、方面、因素、层次的认识在思维中结合起来，探明空间的结构机理和动态功能，形成整体性认识。

信息量的整合，可以通过区域和环境获得丰富多彩的民俗文化和深厚的历史文化，以及文化之意。信息量的整合需要设计师通过相应素材的整理，把握装饰设计主题性及设计概念的完整性。明确项目的目的性，宏观分析空间设计的科学性、规律性、规范性，从人文角度出发，掌握现代功能设施的新观念，从功能空间延伸至地域性、文化性的研究，并分析其发展过程。在设计过程中，深入研究各种材料的物理性能、化学性能，重点强调特殊功能环境、细部与材料要求。设计可以是多元的、多变的，形式可以百花齐放、千姿百态，但是无论怎么变化，它都必须按照美学规律去创造，即采用对称对比、均衡、和谐等美的原则去综合运用，即"整体—部分—整体"的原则。从整体意向效果出发，时时处处将整体造型与装饰的客观关系放在首位，其次才是各部分的具体设计。

第 3 单元
项目功能

　　装饰工程项目中平面功能是项目策划的重要内容，由于社会经济的快速发展，经营理念的不断更新，对平面功能的规划设计研究愈加重要。现今项目功能研究已经脱离传统的思维模式和经营习惯的束缚，设计师需要权衡社会发展的经济因素、近期以及长远利益、主观喜好和客观实际，解决设计中的功能关系。工程项目的功能规划首先要服从项目设计的类别和性质，并将满足投资回报作为目标，进行市场的评估和经营项目的策划以及细致的功能布局。

　　设计成功与否取决于设计师最初市场定位的客观性和准确性，以及功能规划的科学性和专业性，通过设计师缜密的思考最终实现完整的功能布局。如果前期的定位过于主观草率，工程结束后的运营成本会因前期准备不充分而无限增加。所以，应确保在所有工程设计之初达到极为认真且务实的前提下，推进专业化装饰工程设计的功能规划工作，并且确保这一过程是客观而科学的，这就需要设计师进行反复的评价论证才能最终确认。

3.1　功能分区

　　功能是有目标性的，是经过市场评估、经营策划、功能布局而最终实现。功能意味着室内环境中即将发生诸多的故事情节，其与人的活动空间关系和人的行为意识有关。空间与建筑的质量相联系，形式是受众人群可以看到与感觉到的，即"这里现在是什么"和"这里将来是什么"，它体现在空间的场地、环境与功能分配中。

　　一般情况下，项目的功能分为基本功能与辅助功能。基本功能在项目功能中起着奠基作用，而辅助功能则主要围绕客户进行有针对性的辅助作用，在基本功能完善的基础上锦上添花，最终达到相应设施管理工作的完整目的。从性质的角度可分为两个方面：一方面是较为实用的使用功能以完成各项基本需求；另一方面是在完成使用功能完善的基础上兼顾美观。

3.1.1　纵向分区

　　空间的作用是承载人们的行为，满足人体工学比例与尺度。项目设施楼层使用面积的空间组织涉及使用主体的层高、承重墙与柱网之间的间隔，以及中庭的设置等，是在建筑结构设计时人为设定的。室内设计是对使用空间的再创造和二次划分，在满足人们使用功能需求的基础上进行空间设计，通过顶棚的吊置及道具的分隔形成新的空间区域，也可以运用隔断、休息座椅、室内绿化等手段进行空间组织与划分。

　　1. 分摊率

　　面积分摊率是设计师必须掌握的重点部分，是功能区域所属功能空间的分割形式，是需要进行数据分析的系统化研究。面积分摊率是建筑公摊面积与套内面积的比值，分摊率不仅反映了功能量化的重要数据指标，还能够反映企业的发展情况，而且不同的业态存在很大的差异。即使营业设施的数量和规模的不同会导致营业面积率差异较大，但总的来说，标准的项目楼层使用面积是有一定规格和标准的。

2. 空间引导

从人们进入空间开始，最为重要的是对于空间的感知与第一印象，这就需要设计师从人的角度出发，考虑其动线的进程、停留、转折等进行相应的视觉引导，并从视觉构图中心选择景点，设置展示、信息标牌等。

空间内视觉引导的方法与目的有以下几点：

(1) 通过空间的划分，作为视觉引导的手段，引导使用者按照设计动线行走，并在整体动线过程中的重要部分进行合理的展示功能。

(2) 通过空间地面、顶棚、墙面等各界面的材质、线型、色彩、图案的配置，引导人的视线。

(3) 采用一系列照明灯具，通过光色的不同色温、光带标志等设施手段，进行视觉引导。

通过上述各种手段，引导客人的视线，使之注视相应的路线与信息。

3. 串联方式

空间运用串联方式制造并强调空间之间的联系，为人们带来更多样的空间体验可能性；寻找一种更合理、更符合现代设计思维模式的方式，减少传统分割式空间设置带来的公共区域的空间浪费，让空间在满足需要的前提下，呈现出新的面貌"有时围合，有时开放，有时独立，有时复合"（表 3.1、图 3.1）。

表 3.1 　　　　　　　　　　　　　　　使 用 功 能 分 析 表

内容	确定使用人群的主、次行为		界定行为的性质						空间尺度的要求		
项目	主要行为的名称与功能	次要行为的名称与功能	主动与被动	对声音的控制	公众行为与私人行为	对空间的多功能需求	空间使用的频率	时间要求	使用行为对面积的要求	社交距离与避免相互干扰的距离尺度	使用行为与空间高度及地面形状的分析研究

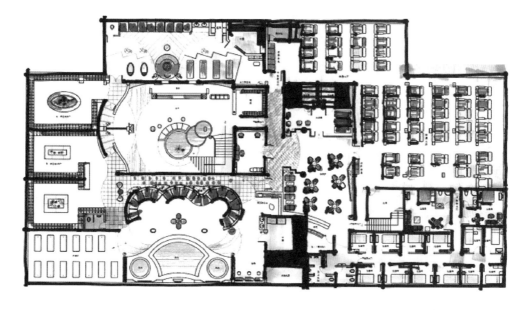

图 3.1　功能空间串联方式及联系

在使用空间中，常以局部地面升高（以可拆卸拼装的金属架、地板面组成）或以几组灯具形成特定范围的局部照明等方式构成展示的虚拟空间。

3.1.2 横向分区

建筑公共空间中的核心与主体空间横向分区，是人们进行各种活动及留下整体环境印象的主要场所。那么设计师就应根据项目的经营性质、营业特点、规模和标准，以及地区经济状况和环境等因素进行前期调研与考察，同时注意建筑空间的面积、层高、柱网布置、主要出入口位置及楼梯、电梯、自动梯等垂直交通的位置。功能性空间业态很多，在此重点分析酒店及商场展卖空间设计（表3.2、表3.3）。

1. 酒店空间横向分区

表3.2 　　　　　　　酒店设施的面积分摊比（停车场及其他特殊的附加设计除外）

收益部分　50%	客房　城市宾馆	35%～45%
	餐饮部分	7%～10%
	宴会部分	7%～10%
	婚礼厅等	3%～4%
非收益部分　50%	顾客用公共部分 入口、大厅 走廊、楼梯、电梯、卫生间等	20%～25%
	厨房、食品库部分	5%～7%
	管理办公室部分	4%～6%
	员工部分	2%～3%
	机房部分	6%～12%

表3.3 　　　　　　　酒店设施的基本构成（停车场、庭院，其他特殊的附加设施除外）

公用部门	住宿部门		管理部门	
食堂 咖啡店 酒吧 宴会厅 婚庆厅 娱乐室	客房	单人间 双人间 标准双人间 行政套房 观景房 总统房	管理相关部门	前厅办公室 寄存处 办公室、经理室
			烹饪相关部门	食品库、冷冻室 厨房 配餐室
出入口大厅 前厅	服务部	服务台 餐具食品室 客房用品室	机械设备部门	锅炉房 水箱、泵房 配电室、防灾 洗衣房、工作室
			员工部门	食堂、休息室 淋浴、浴室
走廊、楼梯 电梯间 卫生间	其他	走廊、楼梯 电梯间 卫生间	其他	货运出入口 走廊、楼梯、电梯 卫生间

注：▨ 有直接营业额的收益部分；▢ 顾客用的公共空间。

2. 休闲、娱乐、餐饮空间横向分区

休闲、娱乐、餐饮空间的设计有着同样的设计流程，空间的功能至关重要，它是风格主题的载体，决定着空间的类型、服务方式、经营理念、所使用的系统及其他相关因素。休闲、娱乐、餐饮空间主要由餐饮区、厨房区、卫生设施、衣帽间、门厅或休息前厅组成，这些功能区与设施构成了完整的休闲、娱乐、餐饮的功能空间。

休闲、娱乐、餐饮空间的特点是集合了"休闲"与"餐饮"功能，其中有休闲娱乐的服务提供，因此功能的划分要满足其要求。功能分析的首要目标是根据距离、容量、速度和方向优化客流量，按照休闲、餐饮空间各部分的功能，针对某种特定的关系进行分析和组合，无论空间为单层还是多层，规模大小均可以采用功能分析图来表达各部分之间的关系。

在了解休闲、娱乐、餐饮空间规划之后，便可以着手空间规划程序的设计，首先分析餐饮、休闲、娱乐空间的面积计算方式：通常面积可根据其规模与级别来综合确定，一般按 $1.0 \sim 1.5 m^2$/座计算。面积指标的确定要合理，指标过小会造成拥挤，指标过大会造成面积浪费，利用率不高会增加工作人员的劳动强度等。营业性的休闲、娱乐、餐饮空间应设有独立顾客出入口、休息前厅、衣帽间和卫生间等公共区域（图 3.2～图 3.4）。

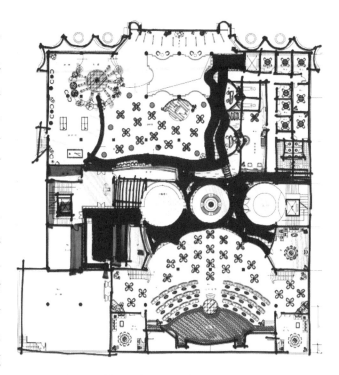

图 3.2 休闲空间特征设计图（平面前场、后场分区域客流动线）

休闲、娱乐、餐饮空间应紧靠厨房设置，顾客就餐路线与送餐服务路线应分开，避免重叠，同时要尽量避免主要流线的交叉。服务路线不宜过长（最大不超过 40m），并尽量避免穿越其他用餐空间。在大型的多功能厅或宴会厅中应配备餐廊代替备餐间，以避免送餐路线过长。以多种有效的手段（绿化、半隔断等）对不同用餐区域进行空间的限定和划分，以保证各个区域之间互不干扰并独立存在。

图 3.3 休闲空间物理环境效果设计图

图 3.4 休闲空间界面分析效果设计图

后厨区的厨房面积同样可根据餐厅的规模与级别来综合确定，一般按 $0.75 \sim 1.2 m^2$/座计算。若经营多种菜品，所需厨房面积相对较大；若经营内容较单一，所需厨房面积则较小。备餐间是厨房与餐厅的过渡空间，在中小型餐厅中经常出现；而在大型餐厅以及宴会厅中，为避免在餐厅内的送餐路线过长，备餐间大都以备餐廊的形式出现；若仅仅是单一功能的酒吧或茶室，备餐间充当的功能只有准备间和操作间。餐具的洗涤与消毒须单独设置，厨房的加工间应有较好的通风与排气设备。

在餐饮行业的经营过程中，食品储藏室、加工区、食品服务区及用餐区应彼此连接。对于快餐店和小酒店之类的餐馆而言，因为空间体量的限制，空间功能是非常重要的因素，烹饪和服务可以在用餐区进行，并且可以利用柜台和吧台突出装潢的特色。

3. 百货店横向分区

售货柜台与陈列货架是百货店的主要设施，为柜台营业员提供销售时的陈列、展示、计量、包装商品及开具票物等功能，柜台又是顾客观看样品和审视挑选的空间；货架主要供陈列和储存少量商品所用，通常靠墙或相背而立，或根据平面布局予以组合。这些设施的尺度及间距位置的确定都取决于顾客和营业员的尺度、动作、视觉的有效高度，以及营业员和顾客之间的最佳距离。百货店设施除柜台、货架之外，还有收款台、新款商品陈列展示台、问讯、兑币等服务性柜台。

百货店各项设施的用色、选材、造型格调应有整体的系列设计。柜台与货架的基本布置形式有：顺墙布置、岛式布置、斜向布置及综合布置等。柜面布置应流线畅通，便于浏览、选购商品，柜台和货架的设置应使营业员操作服务时方便省力，并能充分发挥柜架等设施的利用率。由于经营性质和规模，不同分类陈列的百货商店中的化妆品、文化用品、家用电器、食品、服装、鞋帽、五金交电等，根据商品的特点，通常采用不同经营方式的组合布置。

商品展柜在百货店中的具体位置需要综合考虑商店的经营特色、商品挑选性和视觉感受、商品体积与重量及季节性等多种因素。例如许多百货店常把化妆品柜台布置于近人之处，以取得良好的铺面视觉效果，把顾客经常浏览、易于激发购买欲的一些商品置于视线平层，而把有目的购置的商品柜组置于顶层，较重和体积较大的商品则常置于地下室商场。营业厅通常把柜、架、展示台及一切商品陈列、陈设用品统称为"道具"。通常营业厅以道具的有序排列、道具造型、色彩的创意设计来烘托和营造购物环境，引导顾客购物消费。

在空间处理上，项目实施一般按功能使用划分为外部空间、公共空间、服务空间三个主要部分。外部空间主要是指从都市街道、广场引导客流进入门厅，使其内外连贯的空间，设计上考虑环境的自然条件、历史文化等因素，注意纪念性标志及传统符号的采撷，创造易识别且具地方特色的新颖空间形象，组织好与周围环境关系的协调；公共空间主要是指中庭、门厅、连廊等；服务空间主要指内部陈设区域以及具有一定服务性质的空间，同时服务空间也是公共空间中的一部分。

4. 购物中心横向分区

现代购物中心（Shopping Mall），正以多元化的消费模式成为引领城市购物时尚的全新的生活体验和感受。随着国内经济的发展，我国居民的消费需求已出现了新的变化和调整，消费者在购物时不仅追求方便性、多样性、个人品位的满足，同时更注重整体购买过程的愉悦。百货商场、超市和大卖场已不能满足我国居民一站式休闲消费的需求，这种状况促成了对大型购物中心的需求不断增强，加快了我国购物中心的发展，短短几年时间中全国各地300多家大型购物中心如雨后春笋般地涌现出来。

购物中心宣告的是一个新时代的来临。它颠覆了传统意义上的逛商场只是购买东西的概念，在这一概念基础上升华到人们需要欣赏美丽的商品，了解时尚的信息，彼此交流感情，在精神上获得极大满足，在全身心体验过程中促进和提升消费乐趣。这也促使对商业空间的环境营造提出更高、更新的要求。宽敞、功能齐全的购物中心代表着人们未来的购物方式和生活理念。未来一段时间，它将作为一种主要的商业形态向着更高级、更多元、更时尚的方向发展（图3.5）。

由于购物中心富有吸引力同时功能涵盖广泛，所以当下更成为了公共交往空间。购物中心不仅为人们提供

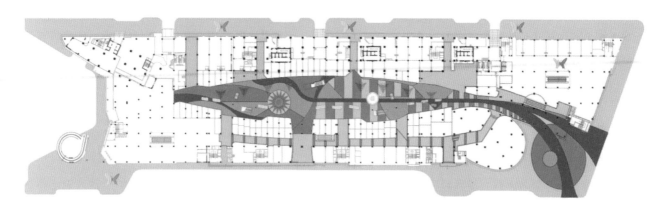

图 3.5　购物中心特征设计图及后场分区域客流动线

了休息、交往、餐饮、娱乐、观光、会晤的空间，同时将商业人流高效地组织到各个区域。购物空间还具有解决交通集散、综合各种功能、组织环境景观、完善公共设施、提供信息交换的作用。与此同时，可随时随地向人们发出商业的信息与动态，提高了购物效率。购物中心一般在主入口或大厅中间均留有足够的空间，这个空间的设计无需华丽和琐碎，只要为节假日的活动、纪念日活动、对外引入活动的开展创造条件。

购物中心是为人们日常购物提供商业展卖活动的空间场所，其中消费者、商品、空间场所是三个最基本的构成要素。三者相对的关系构成是：消费者与空间环境的关系是空间场所给消费者提供活动功能，包括物质获取、精神感受与知识获求。消费者与商品的关系则是商品与消费者的交流功能，商品提供了使用机能及传递信息，包括资料、美感等。而空间场所提供了商品的放置功能，商品与置放物的组合构成了购物中心的空间环境。

3.2　流线分析

装饰设计中的流线系统分为"室内"和"室外"两大区域范围，其中室内又分为"横向"和"纵向"两大性质。根据建筑的实用需求形成不同位置、不同功能的交通流程，如物流运输、安全疏散、服务功能等。在装饰设计实践中，不仅要满足这些需求，还要熟知规则和标准及人性化和功能化的细节。在划分这些性质、类别之后就要依据装饰工程的经营定位、规模、投资能力等因素对所有交通流程进行细化、量化的计算和结构性、系统性的设计，包括远近、高低、宽窄、快慢的合理调节与平衡。

流线设计既包括对交通结构形式、交通设施的选择，又包括对与交通相关的投资造价、管理成本、使用效率和经营利润等相关问题的考虑，此外还要考虑到交通的便捷性、舒适性和心理环境的需求、对安全和卫生的影响等。

3.2.1　横向流线

空间安排的合理性与路线的流畅性都是至关重要的因素，横向流线是项目设施迎接送往的主要动线，是非特定多数人经常出入的重要空间，所以要在确保在安全、方便、合理等方面考虑周全。在安全性上，应当注意地面防滑、门扇防夹，以及防止玻璃门相撞造成人员伤害等。同时，需设计具有避雨功能的屋檐、门廊，为雨日前来购物的顾客挡雨；设置足够的防风间，在大风天阻挡寒风。为了确定最佳格局，有必要对顾客及员工可能进行的活动加以分析，确保顾客及员工活动规划合理化，最有效地利用饭店空间的各种设施，服务拖延、拥挤及过分嘈杂等状况都必须控制，干扰顾客的事情必须减少到最低程度。

酒店空间中的流线组织和视觉引导是通过区域功能界面、水域、家具、展台的划分，天、地、墙等界面的形、材、色处理与配置，以及绿化、照明、标志等要素的构成实现的。停流线、后方区流线相关因素统一考虑，以吸引顾客为第一宗旨，设计师就要通过这些要素构成的多样手法来引导顾客的视线，使顾客出入方便、安全。

饭店、酒吧和其他餐饮设施的来往顾客的客流情况，主要由市场评估材料和其他同类机构的经验资料来判定。一般来说，最重要的考虑因素如下：

(1) 每天全部顾客人数、顾客前来的方式，并且按照一周五天工作及周末和季节性变化的范畴来确定销售潜力以及最大规模对员工的要求，经营方法可行性。

(2) 大需求量、客人集中到达的比率、到达时间、逗留时间等影响客流规划、服务及生产要求、员工班次的安排。

(3) 特殊的晚会、外卖餐销售、经营风格可能进行的改革（早、午、晚餐）等带来的特殊要求。

另外，由于出入口在紧急时刻也是非特定多数人的避难出口，因此在设计时应易分辨、易寻找。按照条例规定，在大型设施的出入口前，必须设置一个简易、有效的避难疏散广场。

3.2.2　纵向流线

1. 商业空间的纵向流线

通常情况下，商业空间设施内的楼梯分为客用楼梯、内部专用楼梯、避难专用楼梯几种。在进行楼梯设计时，要采用合理均衡的布局形式，确保店内所有地点的避难距离满足规范要求，使大量非特定顾客无论是在日常购物中，还是在发生火灾、地震等紧急情况时，都能够安全避难。

一般情况下，商业空间内的客用楼梯多设置在客用自动扶梯附近，因为顾客的移动大多以自动扶梯为中心，所以大型的商业设施通常会设置1~2处楼梯。甚至为了给营业厅营造出较为开放的氛围，可以利用防烟、防火卷帘门划分出入口部分。为了避免破坏营业厅的环境气氛，还应仔细处理楼梯部分的照明以及扶手设计。此外，注意采用防滑地面和防止儿童坠楼扶梯等安全设计也十分重要。

与自动扶梯相比，电梯的运输能力仅为自动扶梯的1/30，但是在多层商业设施中，电梯仍然是直达终点楼层、运送大量商品和方便残疾人购物等活动必不可少的设施。一般的，大型商业设施内常附设与其他楼层营业时间不同的饮食店、娱乐设施等，因此，电梯设计中还应包括用于营业外时段、设置在建筑首层的出入口。

2. 无障碍设计要素

在现代设计中，越来越多的建筑主入口和小区通道均设置了无障碍通道，例如公共厕所设有残疾人卫生间、办公塔楼每层设置1个残疾人卫生间、大型酒店在适当位置设置了无障碍客房，体现"平等无差别"的基本人文原则，为各类人士参与社会生活提供了必要的安全和方便的条件。对于纷繁复杂的商业空间而言，须考虑弱势群体，即无障碍设计的内容，也是设计师不可忽视的。

(1) 坡道。

1) 坡道与阶梯并设，以备人们选择。

2) 坡道要缓，坡度一般不大于1/12，两侧有保护装置。

3) 宽度视环境而定，但两轮椅通过时净宽不得小于900mm。

4) 坡道起点、终点、转弯处都必须设休息平台。坡道超过9m时，每隔9m要设一个轮椅休息平台。

5）地面采用防滑材料。

6）坡道凌空时，在栏杆下端应设高度不小于 50mm 的安全挡台。

（2）出入口。

1）至少要有一个出入口平进平出，不设台阶和门槛，室内外地面有高差时应采用坡道连接。

2）出入口的内外应留有不小于 1.5m×1.5m，平坦的轮椅回转面积。

3）出入口设有两道门时，门扇开启后应留有不小于 1.2m 的轮椅通行净距离。

4）应设在通行方便和安全地段。室内设有电梯时，设出入口宜靠近候梯厅。

（3）门。

1）公共场所最好使用自动门，旋转门、弹簧门最不适宜。

2）门扇开启的净宽不得小于 0.8m。

3）必要的地方门前设置盲道，装音响指示器。

4）公共走道的门洞深度超过 0.6m 时，门洞的净宽度不得小于 1.1m。

（4）走道。

1）室内走道应与出入口、电梯厅、安全出口及商场内各部分的标高一致，若有高差应设坡道。

2）通过一辆轮椅的走道净宽应不小于 1.2m，通过一辆轮椅和一个行人对行的走道净宽应不小于 1.5m，通过两辆轮椅的走道净宽应不小于 1.8m。

3）供残疾人使用的走道两侧的墙面应在 0.9m 高度处设扶手，走道转弯处的阳角宜为圆弧墙面或切角墙面，走道两侧墙面下部应设 0.35m 高的护墙板，走道一侧或尽端与地平有高差时，应采用栏杆等安全措施。

4）走道两侧不应设置突出墙面影响通行的障碍物。

5）走道尽端供轮椅通行空间，因开启门的方式不同，走道净宽不应小于 1.8m。

（5）楼梯和台阶。

1）梯段净宽不宜小于 1.2m。

2）踏步面的两侧或一侧凌空时应防止拐杖滑出，应在 0.9m 高度设扶手，扶手宜保持连贯。

3）楼梯起点和终点的扶手应水平延伸 0.3m 以上。

4）供拄杖者及视力残疾者使用的台阶超过三级时，应在台阶两侧设扶手。

（6）电梯。

1）电梯候梯厅的面积不应小于 1.5m×1.5m。

2）电梯门开启后的净宽不得小于 0.8m，入口平坦无高差。

3）电梯轿厢面积不得小于 1.4m×1.1m。

4）肢体残疾及视力残疾者自行操作的电梯，应使用残疾人使用的标准电梯。

5）轿厢内设音响器，报告所到层数，方便盲人使用。

（7）柜台。

1）专用柜台设在易于接近的位置上。

2）为轮椅使用设计低柜台，台面要尽量薄，下部留出保证腿部伸入的空间，以便残疾人身体可以靠近。

3）盲人柜台可利用普通柜台由盲道引导到达。

（8）卫生间。

1）卫生间内应留有 1.5m×1.5m 轮椅回转面积。

2）隔间门向外开时，间内的轮椅面积不应小于 1.2m×0.8m。

3）楼梯起点和终点的扶手应水平延伸 0.3m 以上。

4）男卫生间应设残疾人小便器。

5）在大便器、小便器邻近的墙上，应安装能承受身体重量的安全抓杆，抓杆直径为 30～40mm。

无障碍设计在欧美等发达国家是对建筑和室内空间设计共同的基本要求。根据中国的基本国情和原有建筑的现存情况，大部分旧的建筑改造项目在设计的实践中有一定的难度，尤其是对于无障碍方面的设计，无障碍设计在一定程度上只能作为一个指导性的原则来执行。但是随着社会经济文化水平的发展，相信无障碍设计原则会很快变为建筑和其他设计中的一种基本认识。

第4单元
材料与预算

4.1 初步主材提案

材料是室内设计的表达载体之一，是影响室内设计整体效果的关键因素。材料的肌理、色彩、质感对于室内空间气氛的营造和空间风格、功能、色彩的表达有着非常重要的作用。材料是空间环境的物质承担者，材质的美只有通过与空间环境的组合才能实现，而没有材质，选型无法实现，更不会彰显空间环境的设计美感。

不同装饰界面材料的质感构成了独特的室内空间环境效果，对室内环境有很大影响。形态、色彩、质地和肌理都能从多个方面体现质感的特征。设计师要根据主材本身的元素对整体效果进行设计而不要在处理空间结构和细部造型的时候刻意运用过多技巧，要把重点放在材料的肌理和质地的组合运用上，将各种不同的肌理和质感进行完美地组合，才能丰富整个空间。若干不同的材料组合起来可以营造独具特色的艺术性且个性化的室内空间环境，各个界面上把不同的或者相同的材料进行组合，将材料本身的质地美和肌理美更好且充分地展现出来。

所以，在室内环境设计中各界面装饰在选材时，既要组合好各种材料的肌理、质地，协调好各种材料质感的对比关系，又要做好预算的编制。在这一基础上，应结合材料运用区域的具体情况和要求，进一步明确用于骨架、基层、饰面等各部位用材的类型、规格和型号。目前，室内装饰材料不断推陈出新，传统材料仍在大量使用，而各种新材料也在空间中扮演着更多、更重要的角色。材料体系纷繁复杂，需要设计师对各种材料进行权衡，以做出最恰当的选择。

4.1.1 初步主材样式

材料主材的装饰性是构成空间形式感的主要环节，对室内环境的氛围营造影响较大。在初步选择材料的时候，人们对很多材料都有初步的认识，如木材的亲和感、玻璃的轻盈光洁、金属的冷峻坚挺等。

1. 主材选样

在主材的选样过程中，除了要考虑主材的物理性质，还要考虑装饰效果，充分认识和了解新材料、新工艺所带来的各种影响，使整体的环保材料运用和设计方案的构想相协调一致并且兼顾经济、环保因素，深入探究新材料在装饰上的可能性及装饰过程中带来的感官体验。施工中尽量保证材料在切割和使用中减少浪费，注重考虑构配件的造型和各种型材模数之间的关系，考虑施工过程中的隐性耗损、运输成本、材料成本等，综合多方面的因素使选材的性价比达到最高。在项目设计过程中，尽量因地制宜就地取材。不同的材料处理和运用方式，能够获得不同的功能和形式效用（图4.1～图4.3）。设计师不仅要对构思部分和材料部分进行很好地组织和衔接，还要让环保材料自身的性能和特点得到很好的发挥，让材料和组合在应用中相得益彰，不断地探索新兴环保材料在室内设计中的应用。

图 4.1　不同的材料处理和运用方式获得不同的
功能和形式效用

图 4.2　高新技术与适宜技术融合的
空间设计

2. 新材料的运用

现今多种技术并存发展，高新技术与适宜技术、传统技术并存，新观念、新材料、新技术发展太快，让人应接不暇（表4.1）。设计师要保持头脑清醒，注意技术建设力量和破坏力量会同时出现，现代材料技术已不是工业生产标准化的概念，而是信息技术、智能化，分工精细且综合性强。

表 4.1　　　　　　　　　　　　　　　　　新材料和新工艺的不断更新

追求光亮强烈的视觉效果	综合运用铝合金、不锈钢、大理石、花岗岩和玻璃幕墙等反光性能较强的装饰材料，使之光彩夺目，具有强烈的视觉效果，也可运用对光的独到之处，表现反射、折射及动感的艺术效果
体现现代艺术的直率个性	以体现工业科技发展成就的商业环境设计，如建筑钢结构及设备管道的裸露、自动扶梯以及结构构件的各种组合。这种设计风格力求表现结构美、工艺美、材料美，体现高科技性
追求简单的构图	采用极为单纯的几何形体，做规整的排列组合，注重秩序与比例。强调水平或垂直线条，以简洁完美的弧线，营造出刻意的空间形式

随着人们对社会的物质生活和精神生活不断提出新的要求，相应地人们对自身所处的生产、生活环境也提出了更高质量的要求。城市化是时代的主旋律，信息科学的进步、后工业社会的到来，带来种种发展的契机，生态学的发展带来环境研究方面的进展，同时为设计提供了大量的灵感，主要表现为以科技成果为主题，新材料和新工艺的不断更新。设备设施等不断吸取传统装饰风格中的设计精华，在其基础上结合地域特质，和当今科技成果重新塑造了新的室内风格，同时与一些新兴学科紧密相连，如人体工程学、环境心理学、环境物理学等。

3. 光环境下的材料

材料与光有着特殊的关系，许多经过加工的材料具有很好的光泽，如抛光金属、玻璃、磨光花岗石、大理石、搪瓷、釉面砖、瓷砖，通过镜面般光滑表面的反射使室内空间感变大。光泽的表面易于清洁，保持明亮，常用于厨房、卫生间。透明度也是材料的一大特色，透明、半透明材料常见的有玻璃、有机玻璃、丝绸等，利用透明材料可以增加空间的广度和深度。在空间感上，透明材料是开敞的，不透明材料是封闭的；在物理性质上，透明材料具有轻盈感，不透明材料具有厚重感和私密感。例如在家具布置中，利用玻璃面茶几，会使较狭隘的空间感到宽敞一些。通过光的折射，半透明材料隐约可见背后的模糊景象，相比透明材料的完全暴露和不透明材料的完全隔绝具有更大的魅力。现在的玻璃有多种深加工技术，效果独特，流动、晶莹、梦幻。保温玻璃、彩绘、玻粉蜡模技术，切、磨、熔、蚀、夹胶、夹丝、人造水晶灯具、微晶玻璃等运用也十分广泛。光纤是更为有效的发光器，利用太阳能贮能放光、放热、电遮光玻璃技术，可制造大面积发光板、热敏玻璃、光敏玻璃等材料。

4. 材料的肌理

肌理是指材料本身的肌体形态和表面纹理，是质感的形式要素，反映材料表面的形态特征，使材料的质感更具体、形象。材料的自然纹理或肌理有均匀无线条的、水平的、垂直的、斜纹的、交错的、曲折的等。一些材料经过加工编制或是不同的组装拼合形成全新的构造和质感，质地是质感的内容要素，是物面的理化类别特征。在细节上，包括结实或松软、细致或粗糙等。坚硬而表面光滑的材料，如花岗石、大理石表现出严肃、有力量、整洁之感。富有弹性而松软的材料，如地毯及纺织品则给人以柔顺、温暖、舒适之感（图 4.4）。同种材料不同做法也可以取得不同的设计质感效果，如粗犷的集料外露混凝土和光面混凝土墙面呈现出迥然不同的质感，带有斧痕的假石有力、粗犷豪放，诸如竹、藤、织物等，比刷油漆更好的是暴露其天然的色泽肌理。再如一些大理石具有天然纹理，如果采用人工的方式很难达到想要的效果，可以作为室内的欣赏性装饰品，但是肌理组织十分明显的材料则需在拼装时特别注意相互关系，注重线条感在整体的室内环境氛围中所起到的作用，从而达到和谐统一的效果。当室内肌理纹样过多时，可以采用匀质材料进行更替，以免造成视觉上的混乱之感。

图 4.3 空间的排列组合秩序与比例

图 4.4 材料的自然纹理

软木是与玻璃截然不同的材料，不仅是葡萄牙国宝，也是世界宝藏。因其与生俱来的本质，启示了人与自然必须建立和谐关系，代表了新世纪对环境的保护、可持续发展的思想。人们走在草地上要比走在混凝土路面上舒适，坐在有弹性的沙发上比坐在硬面椅上舒服，这是软材料的特殊性能。弹性材料有泡沫塑料、泡沫橡胶、竹、藤，木材也有一定的弹性，主要用于地面、床和座面，给人以特别的触感。

4.1.2　样板制作

经过多种材料间的重新组合，在制作样板的过程中可以对原先固有的材料定式获取更为特殊的效果，可以在其他行业新材料的应用和拓展中获得一定的启发和借鉴，如钛金板和玻璃钢、合成材料等。原本广泛使用在制药、环保以及矿山开采等行业的机械设备，如金属丝网等材料，经过一些加工处理后在室内设计中可制作各种隔断、楼梯护栏、透空地板等，从而获得更广泛的应用。

利用材料的可加工性，介入到材料制作的过程中，通过改变某种程序或加入科技手段，也能开发材料新的功能与形式。如纤维板和刨花板，都是利用原木的边角余料和其他辅材制成，不仅保留了木材原有的特性，同时解决了幅面有限和易变形等原木的缺陷。在混凝土的生产过程中，改变混凝土中水泥、沙子等骨料的配比，就会使其质感更加丰富；另外通过添加金属屑、玻璃碴、色料等成分，还能使其色彩和外观产生新的变化。石材经过不同处理，也可以产生不同的效果和功用。在石材荒料的加工过程中通过现代化的切割和抛光技术，可将石材加工成半透明的薄片，与常规石材的厚重感形成了鲜明的对比（图4.5、图4.6）。

图4.5　材料样板系列　　　　　　　　　　图4.6　材料样板系列
（室内石材、金属工艺、GRG天花工艺）　　（金箔工艺、金属工艺、雕刻工艺）

综上所述，材料的选择、处理和运用，应与设计概念保持一致，充分考虑室内的功能要求、材料属性、空间特征以及项目成本等问题。因此，在设计中也应发掘自己的兴奋点，形成在材料运用和处理上的个性手法，同时多与材料专家、生产厂商和施工人员密切合作，为构想的实施提供可靠的保障。

4.2　前期造价分析

从项目开始就建立实际可行的预算是极其重要的。这项预算可以是预测性的但必须是全面的，以避免发生重大意外。设计师应根据成本评估分析所列各类项目，将所有可预期的支出包括进去，并结合经验和公开资料得出各项预测参数。正确的预算应该建立在三个实际预测之上：总建筑面积装饰造价与各区域面积的合理比例、建设中期每平方米装饰造价成本（考虑调整系数）、按总造价一定比例支出的其他费用。实际上，这些预测已经是行业内的普遍做法，通常不被作为预测而是作为计划因素看待。项目的投资者（业主）往往非常关注项目的投资，把投资作为考核建设工作的重要内容之一。但是建设管理者的首要任务是建成项目并移交出去，因此往往会忽视项目的运行成本。大型建设项目有专门的建设单位，与运营体系相对脱离，甚至会出现比较极端的情况。如为节约成本，业主经常公布许多奖惩措施，以至于出现建设成本降下来了，但建完后运行成本大大提高的现象。重大基础设施具有生命周期长、运行成本高的特点，从整个项目生命周期来说，不仅要考虑建设成本还要考虑运行成本。因此，必须以追求项目全生命周期成本最小为原则开展设计管理工作。

4.2.1　总造价概算

1. 价格控制

为了实现效益的最大化需要运用一些手段对价格进行控制，这就需要站在管理和技术造价相结合的角度来进行。利用工程和技术理论指导项目的整体过程并进行剖析，通过对各个阶段的把握。对计划的造价控制进行合理的监督与检查纠正。在工程设计中合理地投入人员及财力，为整个项目取得更好的社会效益和经济效益。

2. 造价构成

装饰工程造价是由装饰工程直接费、间接费、利润（计划利润）和税金四个部分组成，即装饰工程造价（价格）＝直接费＋间接费＋利润＋税金。工程直接费按现行规定，是由直接费、其他直接费、现场经费组成。

（1）直接费：指直接耗用在工程实体上的人工、材料、机械使用等各项费用的总称。其中人工费是指直接从事装饰工程施工的装饰工人开支的各项费用，包括基本工资、工资性补贴、装饰工人辅助工资、职工福利和装饰工人劳动保护等费用。施工机械或机具使用费是指直接使用装饰施工机械或机具作业所发生的使用费，包括折旧费、经常修理费、租赁费、燃料动力费、人工费等费用。

（2）其他直接费：指上述直接费以外在施工中发生具有直接费的其他费用，包括冬雨季施工增加费、夜间施工增加费、二次搬运费、仪器仪表使用费、生产工具用具使用费、检验试验费、特殊工种培训费、工程定位复测等费用。

（3）现场经费：指为装饰施工准备、组织施工生产和管理施工现场所需的费用，包括临时设施费、现场管理费。

3. 概算组成

一些单独承包的大中型装饰工程的项目概算是由一系列的预算文件组成的，通过这些文件最终可以确定装饰工程的造价情况。例如单独承包的大中型装饰工程项目的概预算文件的编制和组成，按现行规定应包括：

（1）总概算书：确定大中型装饰项目概算造价的总文件。

（2）综合概算书：确定独立公用房屋建筑装饰和独立建筑物内外装饰装修等单项装饰工程费用的综合性文件。

（3）单位工程（或装饰部位）装饰概算或预算书：确定单项装饰工程中的室内装饰工程，室内厨、厕装饰工程，室外庭院装饰与美化工程，安装音响设备与灯具工程等单位工程或装饰部位工程费用的文件。

（4）其他工程装饰和费用概算书：确定与室内外装饰工程有关的其他工程装饰和费用的文件。

（5）单位价值计算表、估价表、估价汇总表：确定装饰工程单价的文件。

（6）主要装饰材料、装饰成品、半成品、暂估价、参考价的预算价格计算表：确定概算价格组成的文件。

（7）装饰施工机械（机具）使用费计算表：确定装饰施工机械或机具台班单价的文件。

（8）对于装饰装修工程概预算文件的编制与组成，属于项目建设概预算文件编制与组成，这里不再赘述。对于单独承包的中小型装饰工程的概预算文件编制与组成，应在上述文件规定内，视装饰工程具体情况和省（市、地区）装饰工程主管部门的现行规定进行编制。

（9）详细的预算是与图纸相对应的，图纸上所绘制的每项将要发生的工程都会在预算书上体现，主要材料的品牌及型号、种类也会在图纸及预算书上标识。根据实际的面积，以及装饰材料的品种和价格，一般的工程损耗，装饰材料会多出5%～10%。

另外，一些未在图纸上出现的工程，如线路改造，灯具、洁具的拆安也会在预算书上体现，可根据图纸上的具体尺寸核定预算。

4.2.2 工程量计价方式

工程量计价的两种主要方式是定额计价和工程量清单计价。近几年来，我国建设市场快速发展，并且逐步与国际接轨，工程造价计价更趋合理，工程造价的确定正从"定额计价"向"工程量清单计价"过渡。在我国，这两种计价方式还将在一定时期内并存。

1. 定额计价

定额计价是指在工程造价的确定中，根据现行的计算规则计算工程量，然后依据现行的综合概（预）算定额和取费定额等进行定额子目套算和费用计取，最后确定工程造价。定额计价可以分为以下几种：

(1) 概（预）算价。

(2) 投标价、标底价及合同价。

(3) 工程结算价。

(4) 竣工决算价。

从广义上讲，传统的预算包括了预算价、投标价、标底价和其他的预算基础价。目前，国内的很多地区仍采用传统的预算模式。

2. 工程量清单计价

工程量清单计价是一种国际上通行的建设工程造价计价方法，是指在建设工程招投标中，首先由招标人按照国家统一的工程量计算规则提供工程数量，再由投标人依据工程量清单自主报价，经评审后低价中标的工程造价计价方式。工程量清单计价主要有以下特点：

(1) 计价规范起主导作用。工程量清单计价由国家颁发的《建设工程工程量清单计价规范》（以下简称《计价规范》）来规范计价方法，属于规范内容，具有权威性和强制性。

(2) 规则统一，价格放开。规则统一是指工程量清单实行统一编码、统一项目名称、统一计量单位和统一工程量计算规则等；价格放开是指确定工程量清单计价的综合单价由承包商自主确定。

(3) 以综合单价确定部分项目工程费。综合单价不仅包括人工费、材料费和机械使用费，还包括管理费和利润，它是计算部分项工程费用的重要依据。

(4) 计价方法与国际通行做法接轨。工程量清单计价采用综合单价，其特点与FIDIC合同条件所要求的单价合同的情况相符合，能较好地与国际通行的计价方法接轨。

(5) 工程量统一，消耗量可变。在工程量清单计价中，招标单位提供的工程量是统一的，但各投标报价的消耗量可由各自企业定额消耗量水平的情况确定，是变化的。

作为一种法定性的依据，传统定额计价与工程量清单计价的比较定额计价仍在执行，是我们使用了几十年的一种计价模式，承包双方共用一本费用标准和定额，并且确定标低价和投标的报价。不管是投标的报价还是工程招标编制的标底都将此作为唯一依据，如果定额计价与市场价脱节就会影响计价的准确性。由于它体现的是政府对工程价格的直接管理和调控，所以定额计价是建立在以政府定价为主导的计划经济管理基础上的价格管理模式。"控制量、指导价、竞争费""量价分离"和"以市场竞争形成价格"等多种改革方案随着市场经济的发展被提出，由于定额管理和计价模式的改变，导致不能真正体现量价分离和市场竞争从而形成价格。

4.2.3　清单计价特点

工程量主材料清单计价与定额计价相比较，不仅在表现形式、计价方法上发生了变化，而且定额管理方式和计价模式也发生了改变。首先，从思想观念上对定额管理工作有了新的认识和定位。多年来我们力图通过对定额的强制贯彻执行来达到对工程造价的合理确定和有效控制，这种做法在计划经济时期和市场经济初期的确是有效的管理手段，但是随着经济体制改革的深入和市场机制的不断完善，这种以政府行政行为作为对工程造价的刚性管理手段所暴露出的弊端越来越突出，这就需要寻求一种有效的管理办法和管理手段，从定额管理转变到为建设领域各方面提供计价依据指导和服务，工程量清单计价实现了定额管理方面的转变。工程量清单计价模式采用的是综合单价形式，并由企业自行编制。由于工程量清单计价提供的是计价规则、计价办法及定额消耗量，摆脱了定额标准价格的概念，真正实现了量价分离、企业自主报价、市场有序竞争形式的价格。工程量清单计价按相同的工程量和统一的计量规则，由企业根据自身情况报出综合单价，价格高低完全由企业确定，充分体现了企业的实力，同时真正体现出"公开、公平、公正"的原则。采用行业统一定额计价，投标企业没有定价的发言权，只能被动接受。而工程量清单投标报价可以充分发挥企业的能动性，企业利用自身的特点在投标中处于优势位置，同时也能体现企业技术管理水平等综合实力，促进企业在施工中加强管理、鼓励创新，从技术中要效率，从管理中要利润，在激烈的市场竞争中不断发展和壮大。工程量清单计价通常具有以下特点：

1. 单件性计价

每项装饰工程都必须单独计算造价，而不能像一般工业产品那样按品种、规格和质量等成批定价。主要原因有以下三点：

（1）每项装饰工程一般情况下都有专门的用途，这使其结构、造型和装饰等往往各不相同，从而带来造价上的差异。

（2）即便是用途相同的装饰工程，其技术水平、装修标准等的不同也会使造价不同。

（3）因装饰工程建设地点的不同所带来的水文地质条件、气候和资源条件等差异，使各工程的造价也不尽相同。

2. 多次性计价

由于装饰工程是分段进行，且周期较长，所以为了适应各个阶段的控制管理需要在不同阶段分别计价。作为一个逐步细化、深化和逐步接近实际造价的过程，多次性计价在通常情况下应逐步计算下列造价：

（1）可行性研究阶段的投资估算造价。

（2）初步设计阶段的概算造价。

（3）技术设计阶段的修正概算造价。

（4）施工图设计阶段的预算造价。

（5）招投标阶段的合同价。

（6）合同实施阶段的结算价。

（7）竣工阶段的决算造价。

3. 按工程构成组合计价

计算工程造价包括装饰装修工程预算造价，要想直接计算出整个项目的总造价是很难的，除非使用估算指标进行粗算。因此，通常在计算工程造价时将整个建设项目分解为若干个基本构成部分，如通过计算各个基本构成部分的人工费、材料费和机械费等各种费用，再将它们汇总相加得到整个工程的造价；或者把装饰工程划分成分部分项工程清单、措施项目清单和其他项目清单计价的方法来计算整个工程造价。

4.3 预算阶段

项目的工程预算要十分细致。工作前期应该做好相应的准备和各种相关资料的搜集调查，再根据施工图纸进行一定的描绘和应用。熟悉设计的总体情况，对工程设计中的新设备和技术材料做一定的学习。了解汇总项目中的各项费用支出，对设计中的节约和浪费有事先的预算准备。

越来越多的室内空间设计都追求高效的性价比。设计师要让其作品具有竞争力，应在满足装饰表现的前提下，更精确地进行工程的造价控制。关于造价控制的文字说明可以是委托方在设计初期对总造价的一次估算控制，也可能是设计师根据市场信息和风格定位初步做出的工程造价反馈，双方应尽早沟通，在彼此都能接受的范围内进行方案设计。比如在设计一栋私人别墅等个性空间时，应及早与业主沟通其所能承受的造价范围，以便更准确地做出物料配搭的方案，使设计工作行之有效地开展。通常前期阶段的造价估算都是初步的大范围概算，可以用每平方米多少元的造价进行概算，或以单个空间的惯例造价作为参考（如每间酒店客房造价总值3万元等）进行浮动调整，得出最终的投资参考值，交由委托方做初步确认。而真正的工程造价预算则是待所有图纸成果提交后，施工方提交的工程预算为准。

4.4 主材调整

如果预算与前期指导价出入较大，则需调整主材，设计师应将设计方案中希望选用的一些特殊设备或特殊工艺以书面形式交由业主确认或选定。特殊设备如灯光感应控制系统、门禁（例如一般的可视防盗系统）、温度感应系统、空气流量感应系统、网络远程控制系统等；特殊工艺如超规格的板材、需要特殊加工成形的材料、常见的物料衔接方式等都应事先向委托方展示或说明，考虑整体概算情况，取得对方的认可后，方可在设计中采用。

第 5 单元
设计程序

5.1 方案阶段

在装饰工程方案的策划阶段须做好前期的必要准备，根据工程要求对项目周边环境、经济情况、技术运用等进行前期统筹与分析。方案的前期构思过程是整个装饰工程的重要环节，也是项目设计竞争力的重要表现，对方案与工程团队在行业内的发展有着重要的影响。方案阶段须以行业规范、法律规定的要求为参照，及时调整、修正方案中出现的问题，并在装饰设计的过程中达到使用功能与审美功能的协调统一。

方案阶段的过程可称为设计循环的过程，其循环的目的是为了不断检验每一设计阶段中的细节工作是否符合方案整体的设计目的与要求。设计程序的实施与运用是在方案实践中不断解决设计问题的过程，通过协调诸多方面的关系，更好地完成设计项目。

5.1.1 概念草图

1. 构思

方案构思阶段是概念设计的形成阶段，关键在于概念的提出与运用。具体包括设计前期的策划准备、技术及可行性的论证、文化意义的思考、地域特征的研究、客户及市场调研、空间形式的理解、设计概念的提出与讨论、设计概念的扩大化、概念的表达、方案构思的评审等诸多步骤。由此可见，方案构思是一个涵盖多方面且整体性的设计过程，是将客观的设计背景、市场要求与设计者的主观能动性统一至一个设计主题的方法。

在设计构思阶段，主要探讨的内容为设计情境的限定因素及通过设计能够创造的各种可能性。在设计构思与开发前期，主案设计师及其团队成员要在充分安排设计周期的基础上，提出创意构想、探索设计造型等内容；设计的背景、过程、导入的必然性和成果等结论，以及设计开发的流程都必须利用对内、对外发表的机会加以反复说明，在推进设计计划时，将有关企业文化问题的探索、调查工作、依据调查结果作为判断的环节，重视逻辑整合性与循序渐进的关系。在设计情境中，发现好的构思方案应尽量贯彻整个过程，这一阶段的大部分活动是收集信息、理解和详细阐述设计问题。通过绘制多种手绘方案图，择优选择可实行方案，且其中所包含的创意类想法或实行难度较大的方案需反复演练、测试与呈现，以便达到方案构思的完美呈现（图 5.1）。

设计构思首先要从空间的层次、布局出发，尽量保证空间效果的整体性与连贯性；其次，根据项目性质、条件对空间色调进行构想，针对意向材料的使用、类别进行一定的分析；最后，空间使用元素的把握是设计的

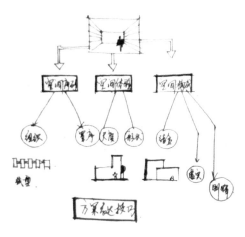

图 5.1　手绘表达的技巧

关键所在，前期要形成系统而整体的规划与设计，且要与业主就空间设计风格达成一致。此外，设计中可巧妙结合直接或间接采光、光源的布置，促使空间呈现不同的效果（图 5.2）。

2. 孵化

设计的孵化阶段是通过前期策划阶段对设计案例的全面调查、整体分析和可行性判断切入进行设计运作的阶段，也是发挥设计师前期预测能力的重要阶段。在此阶段，设计师应坚守设计预测的结论，但过分注意限制因素或过早地对初步构想进行评估，势必会制约新构想的激发。为探求突破性的设计构想，设计师应敢于尝试、敢于经受挫折、敢于突破常规进行大胆创新与构想。运用创意性思维与办法进行设计，是构想、论证不断反复的推演过程，同时辅以文字说明来进行项目的延伸。此外，为完善和增强三维空间概念，还常以体块模型推导或模型测试来检验设计构想的预见性、可行性和合理性。一般情况下，由构思到论证的主要程序有：确定需求、运用价值、诸多因素的比较、评估、选定最佳构思方案。

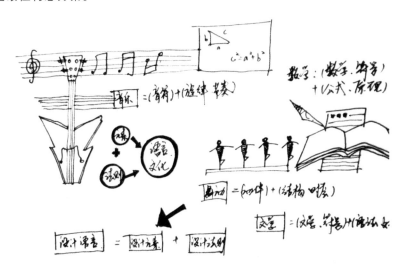

图 5.2　手绘表达的内涵

室内设计的孵化阶段需要注意的一点是：只有最合适的设计，没有最完美的设计。由于客观条件或其他方面的局限性，大多设计在最终呈现时都会存在这样或那样的缺憾。作为设计师，需要正确认识设计的根本目的是缩小客观空间环境对空间使用者的不利影响，运用从大到小的方法逐步地将科学合理的设计规划落实到平面图纸和现实空间当中。设计的整体方案要遵循"以人为本"的设计理念，适当舍取因冲突而产生的次要空间，这便是整体平面规划的原则。在合理的空间规划之后，需着重注意完善家具、硬件设备的布局，若要下一阶段的程序有条不紊地进行，那需要具备这样一个良好的开端与基础。

3. 草图

草图是设计方案的初级阶段，是捕捉、记录瞬间即逝的构想最有效的手段，也是设计师与业主彼此沟通创意的知识结晶。草图的绘制技巧在于迅速而清晰地表达概念，故草图是构想物的雏形，并不涉及细节的表现，通常以大体的空间概念及基本形态作理念性方案的呈现。

由于任何构想均可放射着突破性设计的信息量，设计师在构想阶段应尽量扩大创意思维的知识量，从量中求质。草图由众多的理念、构想推导、演变而来，具有简明扼要的特点，设计师针对设计的设想在这一阶段形成。设计师在设计草图方案时应重点关注素材的集中性，且应在设计前引入，并使其处于设计的中心地位。在业主暂未设想空间方案之前，向其提供方案的几个方向，以便业主针对其中一个方案提出更完善的建议。

设计计划的流程安排必须考虑前后作业间的关联性，前一步的作业结果必然会影响到下一步作业的开展与结果。设计是一项团队分工与合作的工作，是主方案设计师与相关的结构、水、暖、电系统设计工程师共同合作的结果，因此在草图阶段，他们会提供较多实践方面的想法，同时指出方案的实际操作隐患和制约因素。

概念草图所反映的内容包括三个方面：一是空间物理、智能方面；二是平面动线方面；三是材质效果方面（图5.3）。

5.1.2　初步方案

初步设计时要确定设计范围，根据设计项目的人员分配比例、管理模式、经营理念、品牌优势来确定设计的方向。通过横向比较，大量搜索资料、归纳整理、寻找欠缺、发现问题，进而加以分析和补充，这样的反复过程会使设计由模糊、无从下手而逐渐清晰起来，从初步设计功能概念、风格类型——艺术的表现方向，进而提出一个完善的、理想化的空间机能分析图，即抛弃实际平面而绝对合理的功能规划，在此过程中不参考实际平面是为了避免"先入为主"的观念约束设计师的感性思维。虽然有时设计师察觉不到约束、限制的存在，但原有的平面必然渗透着某种程度的设计思想，

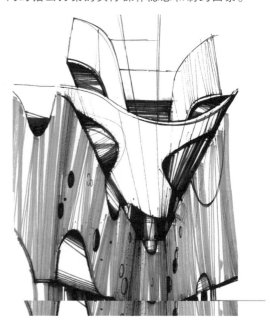

图 5.3　反映空间物理、智能方面的手绘效果

同时实地的考察和详细测量在初步方案阶段极其必要，二维图纸的空间想象和实际的三维空间感受存在差别，对实体空间包括对管线、光线等方面的了解，有助于缩小设计与实际效果的差距，因此，将设计师的理想设计如何融入实际的空间当中，是这个阶段所要考虑的要点（图5.4～图5.6）。

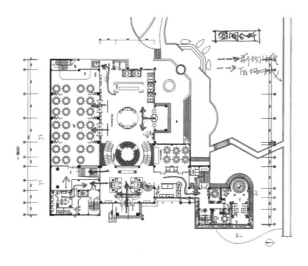

图 5.4　平面合理的功能动线方面的草图

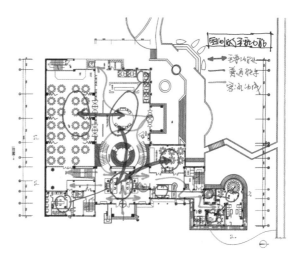

图 5.5　平面合理的物理肌能方面的草图

图 5.6　初步方案阶段二维图纸的空间想象

5.2　设计阶段

作为一项系统的工程，室内设计的实施要通过一定的程序合理地进行，这样才能有效解决设计中不同阶段的问题，以保证设计顺利的开展和实施。

5.2.1　扩初方案

1. 设计条件

在项目设计的初期，设计师需要对整体的设计范围和现场的实际条件以及需要采取的技术手段进行明确的了解。首先，要根据任务书的要求，对装饰设计方案的交通流线、功能区域划分和原始土建的局部情况做一些修改。其次，通过人性化、环保、节能的设计理念来进一步完善整个设计。主要的设计内容包括：基本装饰平面系统、立面施工图方案的设计（结构和尺寸，装饰风格和材料的选用，强、弱电、给排水的正确点位）；整体外观或房间内部的功能规划满足业主的使用要求（隔墙的固定措施，卫生间、走廊楼梯等预留空间的采光情况、通风情况和水电气管道的走向和已实施情况）；周边环境的环保节能情况（关联建筑与景观、周边人群生活方式、精神文化倾向等）。

（1）明确项目任务。确定合理原则、还是转换观念这是设计师要解决的一个战略问题，合理原则强调事实和需求，并确定项目面积条件和预算条件的依据。观念转变则强调目标和理念，寻求新的概念。一个组织内部的各个部门基于各自工作的特性，会产生许多优化性建议与策略，这类问题需要以小组专题讨论的模式进行广泛的参与。

（2）明确项目类型。

项目策划的内容是平面功能规划、立面方案设计，还是协调配套设计存在很大的区别。信息来源的途径有多种，如董事会关于平面功能规划的政策、管理层关于方案设计的决定、业主对设计的详细要求等。

（3）明确设计深度。

项目设计服务有两阶段和三阶段之分。两阶段对应的设计服务包括为方案设计做策划和为扩初做设计。三阶段对应的设计服务包括为总平面图做设计、为方案设计做设计和为扩初做设计。

实际上，两阶段和三阶段之分是根据项目设计细节而做出的划分。为总平面图所做的项目设计必须将数字和信息进行提炼，以供方案设计使用，进一步应用于设计扩初，这一过程类似于使用缩微镜做整体观察，使用放大镜做细致观察，这一步骤将为下一步的分析工作收集相应的信息。

（4）明确具体信息的时效。

项目设计工作会对相关条件提出必须满足的严格要求或宽松的要求。对于第一种情况，有利于项目前期建设工作的顺利进行，但之后会随着相关条件的改变而不得不进行更改。对于第二种情况，项目建设可以在一个适当宽松的环境下进行，但有可能耽误一些必要的变更。

（5）确定参与的范围。

业主是个人还是团体存在很大区别，设计师需要确定参与的范围，必须与业主确认：决策者、参与决策者、掌握信息者、信息汇报者等信息。

（6）确定参与的态度。

在设计项目中，部分业主愿意参与项目策划的过程，而部分业主则完全委托设计师提出具体的建议，这两者之间存在较大差别。如果业主完全依赖于建议，那么设计师承担重要的责任，需做全面的研究和分析来证明每个建议的合理性。

（7）确定决策的层次。

决策可能由一个人做出，也可能由若干人共同协商作出。如果由若干人做出，那么设计师将面临严重的挑战，需要通过大量文件和图形分析技术来协调不同的观点。如果决策由一个人做出，那么设计师须确定决策人，并尽早与其进行谈话。但要注意在与重要决策人的谈话可能会受到其周围工作人员的影响，要避免他们的误导。

（8）确定现有信息的可靠性和真实性。

信息可以是业主和设计师提供给项目策划师的，也可以是业主和设计师共同讨论产生的，两者存在区别。对于第一种情况，信息有可能是不完整的，设计师往往不会提供场地和预算分析信息，或不会提供合理的面积效率信息；对于第二种情况，设计师有责任辨别信息的完整性并预测其合理性。

（9）确定移交文件的质量和使用者。

项目策划报告可以是项目团队使用的工作文件，也可以是一份经过细化、带有计算机图形和进一步说明的文件，供第三方使用。如果是工作文件，则需要复制、分析文件，提供补充文字说明和数据表。如果业主要求提供电子文档并通过桌面系统进行发布，那么设计师要花费更多的时间和精力来进行文件细化。

（10）确定项目设施的类型和面积。

不同的建筑类型具有不同的要求，对于常见建筑类型，可以根据经验来预测空间特性；对于特殊建筑类型，设计师需要更多地依靠背景资料的研究以及使用者对空间特性的要求来判断。

（11）确定时间跨度和重要日期。

项目流程可以按照传统时间表来安排，也可按照并行时间表来安排。并行时间表（也称快速时间表）需要快速地做出决策，尽早锁定预算，空间规划相对宽松，对空间特性的预测更快。实际上，按照并行时间表进行的项目策划所用的时间与传统时间相同，但对于并行项目策划来说，最初的项目策划期更短，而且需要更加有经验的项目策划人员。

(12) 确定业主的预算是否固定。

业主的可用资金可能存在一定的限制，也可能暂未确定。实际上，每一个业主的预算都是有限的，预算限制或早或迟出现。开放预算意味着全权委托、自由处理，但这只是将平衡预算的时间延迟。无论上述哪一种情况，越早进行成本评估，越有利于准确接近预算的底线。

如果在项目策划中提出装饰系统的性能说明，那么成本评估将更准确但也更花费时间。对于工艺要求较高的室内空间环境，或需要进行建设条件评估的设计改造项目来说，项目设计小组通常需要匹配一位成本评估的专业人员。

2. 简化问题

室内设计的一些问题比较简单且设计师易于控制，但现实中存在着许多复杂而独特的设计问题。想要更好地控制设计问题就需要对这些问题进行澄清和简化，为了有条理地思考这些问题，可以使用信息索引表或者最基本的步骤和思考框架来解决，并从信息查询入手，就不会因毫无目的而浪费时间。

作为设计师应该引导业主在一定的时间内做出坚定的决策，同时运用多种方法使问题变得可控，而良好的沟通和图形直观分析会对此作用很大。

5.2.2 成熟方案

1. 平面图设计

平面图设计分为平面设计图和顶棚平面设计图。平面图中应有墙和柱的定位尺寸，并且具有确切的比例。不论图纸的大小是否缩放，绝对面积要保持不变。设计师要根据室内平面图中不同的空间布局进行室内的平面设计。平面图表现三方面内容：第一部分是对室内的建筑尺寸、净空尺寸、门窗位置及尺寸等室内结构尺寸的标明；第二部分是对家具摆放的位置、装饰结构与建筑结构的相互关系尺寸、立面装饰的具体形状及尺寸、材料的规格和工艺要求等结构装修的具体形状及其尺寸的标明；第三部分是设备设施的安放位置、装修布局的尺寸关系以及规格、要求等的标明。

平面图中要布置科学、合理的场地规划以及用地面积，合理的运输路径，将施工区域进行明确的划分。对旧资源进行合理利用，减少造价成本，对功能区域做相应的分离设置，符合政府相关规定。平面布置图的特点是能够准确地表达出空间环境的全局使用情况、平面形式特征，完整地表现空间比例关系、尺度关系、功能分区、交通动线等。其中，功能动线分析图是将复杂的人流动线转变为清晰明了的客源分流，并将这些分析图用"可视化"的视觉图形语言表达出来，使其一目了然。同时，平面图是对各功能区面积的分配，如在酒店空间中，共享空间要作为设计的重点并分配大的面积；在商业展卖空间中，作为展示商品的展卖空间是设计的重点且需要分配最大的面积；在餐饮空间的设计中，要将厨房作为设计重点并分配一定比重的面积。因此，在空间布局上，要首先考虑满足基本需求的配置，节省并充分利用有限的空间，为每一个功能区域分配合理的面积。

2. 效果图设计

效果图设计是设计的最后一项工作，效果图是由二维平面转为三维立体空间、将最初的设计概念表现为三维效果的过程，是对材料、色彩、采光和照明的体现。材料的选择根据设计的整体预算而定，不论是单一的还是复杂的材料都依据设计概念而定，且优质的材料能将设计诠释得更为完美。如果能够做出好的选择，低造价的材料也能够创造合理的设计。色彩在设计中非常重要，它与使用的材料相辅相成，采光和照明将光线的艺术感更好地予以诠释，室内设计的艺术也是光线的艺术。艺术的表现形式通常是通过视觉表达而传达，最终向业主展现的是三维的表现图。与此同时，设计师也应该通过三维图形来表述、完善设计方案。三维空间的效果图作为辅助设计的一种手段，虽不会决定方案的成功，但会对方案结果造成一定的影响，设计的本身仍占据决定作用，切忌本末倒置。

设计项目案例分析 3：星海亲子儿童乐园空间设计

亲子空间设计是针对儿童创造力的培养空间，具有设计感的创造性活动空间是以最直接的方式呈现在家长与儿童眼前的，直接影响着儿童对色彩、形状、美的把握。亲子空间室内设计具体包括：空间大厅、玩乐区、艺展区、亲子餐厅、儿童教学空间、家长培训课堂、儿童卫生间空间、储藏室等空间。亲子空间整体功能划分：空间整体面积为 1423m²，建筑结构为框架结构，层高为 5.8m，消防通道分别位于建筑的左边和右边，入口位于建筑中下方，人流进出都十分方便。亲子空间主要分为两大功能——教育和活动。教育是儿童进行艺术教育的地方，活动区是家长与儿童互动、自由玩耍的地方，还包括亲子餐厅、储物空间等后勤功能性空间。教育区相对来说比较安静，有助于学生的注意力集中和教师的上课（图 5.7～图 5.9）。

图 5.7　儿童亲子乐园玩乐区效果设计

图 5.8　儿童亲子乐园艺展区效果设计

图 5.9　儿童亲子乐园阅读区效果设计

设计项目案例分析 4：显铭泰式休闲洗浴空间设计

设计定位为东南亚风格，体现东方文化情韵、宗教文化精神，取其形、立其意，把泰国古老历史东方文化的深层意蕴民族文化与现代文化相结合。设计风格体现泰式地域文化与休闲文化，营造浓厚的异国文化气息与高雅的空间效果。休闲洗浴空间功能划分空间：总面积为 12300m²，浴区面积为 1529m²，游泳馆为 458m²，设计清雅而显贵气，浓郁而含纯粹，厚重而不失精美。券拱天花贴上玫瑰金的壁纸，流曳到地的白色薄纱，对比映衬出强烈的视觉效果；细细密密的玫瑰色流苏帘子、米黄系列的砖石洗浴区、金箔工艺与金色马赛克，色彩娇丽，风情浓郁。在细节处理上，把藤料全部染成白色，在细碎的藤制纹路里慢慢流淌出的浪漫情怀。在墙面、地面运用红色、藕紫色、蓝色等华彩的基调，搭配金箔工艺的藤色与黑胡桃木的家具（图 5.10～图 5.14）。

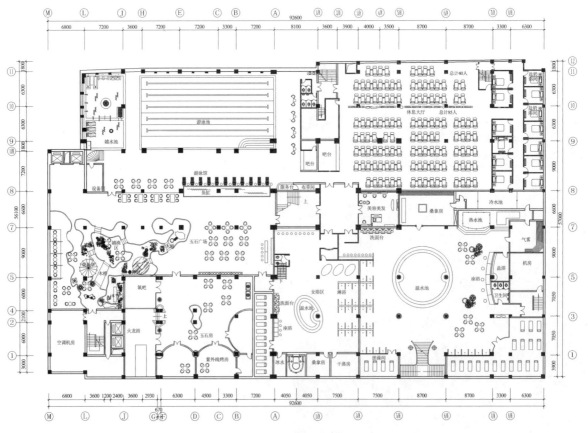

图 5.10　休闲洗浴广场一层平面功能设计

图 5.11 休闲洗浴广场男浴区效果设计

图 5.12 休闲洗浴广场更衣区效果设计

图 5.13 休闲洗浴广场药浴区效果设计

图 5.14 休闲洗浴广场药浴区效果设计

设计项目案例分析5：团山花园度假酒店

团山花园度假酒店建筑总面积25000m²。酒店大堂面积782m²，大堂水吧面积7m²，小宴会厅面积685m²，设计理念以崇尚自然、回归自然为主题，运用自然的手法、自然的材料胡桃木、木纹石、泰式元素等，来打造一个充满自然情趣、具有异国情调的东南亚风格的度假景观酒店。设计特点以精雕细刻，镂空雕花的木格栅墙贯穿整个空间。泰丝的流光溢彩、细腻柔滑、不着痕迹的贵族气息及在室内随意放置后的点缀作用是成就东南亚风情最不可缺少的道具，陈设有柔曼婉约的菩提树与吉祥鸟，有珠片、贝壳、芭蕉叶烛台等（图5.15～图5.19）。

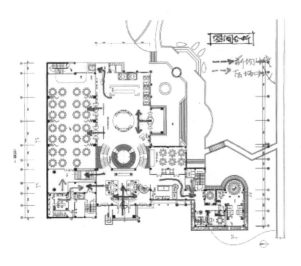

图5.15 平面合理的功能动线

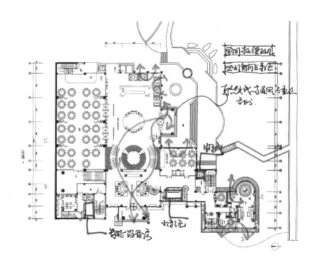

图5.16 平面合理的物理肌能

图5.17 一层大堂接待区效果设计

图5.18 一层西餐厅效果设计

图 5.19　一层餐厅走廊效果设计

3. 施工图设计

室内施工图设计是指通过材料、构造、工艺等方面的构思，将设计方案形成可进行施工的图的过程。

施工图设计作为项目设计的一个阶段，通过图纸的形式将设计意图和结果进行表达、描绘。施工图要对建设的项目做一定的说明和预算，对需要采购的材料和施工方面做相关文件设计，旨在通过图纸将设计师的想法、构思得以呈现，用图纸的形式将设计理念和施工方法做出合理表达。

在设计构思从抽象到现实的转化过程中，施工图是专业人员交流的工具，也是控制施工的依据和竣工后检验的准则，具有严格的系统化和规范化的特点。要求设计师在工作中应对建筑结构、水、暖、电、消防设施等各种设备有详尽的了解，能够综合多方面情况对材料和结构进行处理，以确保设计的合理性和安全性；同时，施工图设计图纸应严格遵守制图规范，文字、数字标注应详尽准确，各类图纸之间要有逻辑关系，对施工的规划和要求表达到位。

室内空间是各种室内装饰材料按照一定的构造组织形成的环境。作为室内空间的基本构成，材料和构成是施工图设计中重要的处理对象，设计师通过设计方案的这一核心，结合技术、设备、造价及各种相关规范、不同功能空间的要求等具体情况，在设计施工图中合理地将材料进行构思整理，分析并图解整体的构造方案。

施工图设计包括根据施工部位进行材料的选择和处理、完成结构设计、绘制施工图等环节。在这一过程中，设计师需要严密的逻辑思维和分析推敲能力，且对新材料和新结构的探索也是此项工作中的重要内容。施工图设计不仅是落实设计方案的具体操作过程，也是整个室内设计工作中一个重要的创新环节。施工图主要包含平面图、立面图、大样图等图纸。平面图包括原始平面图、平面墙体拆除砌筑图、平面功能布置图、平面家具尺寸控制图、顶棚布置平面图、顶棚灯位尺寸控制图、地面铺装图、灯位布置图、强弱电插座布置图、给排水点位控制图等（图5.20）。

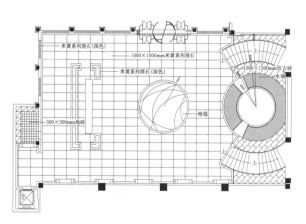

图 5.20　大堂地面铺装图

立面图包括空间中各立面墙体的装修，各立面墙体制作的造型、材料说明和尺寸。为了图面的完整性，可加上适当的装饰品和植物等（图5.21）。

图5.21　大堂A立面示意图

大样图包括室内的装饰墙面、踢脚线、天花、楼梯、卫生间以及主要活动空间的家具设计的详细图纸。

综上，各层总平面图可以明确地表达空间功能的划分和交通流线的分析，决定了室内立面在横向上的尺度关系；而立面图能够清晰地反映出墙面的装饰效果，用形式和材料语言进行设计，进而丰富整个空间层次；大样图对每个空间中的细节部分都进行详细说明，是对前两者的补充和细化，以便顺利开展施工。大样图包含以下内容：

（1）放大比例并有详细尺寸的环境艺术设计图，包括室外广场、庭院、绿化的总平面图，各种环境艺术小品的立面图、剖面图和构造详图。

（2）外立面装饰及主入口装饰设计图，包括大比例，并有详细尺寸的平、立、剖面图和节点大样、构造详图。

（3）放大比例并有详细尺寸及标高的室内设计图，包括各个功能空间分隔定位平面图，楼、地面装饰平面图，家具、灯具及室内绿化平面图，内立面造型图，内剖面图以及上述平、立、剖面相关的构造大样和节点详图（图5.22）。

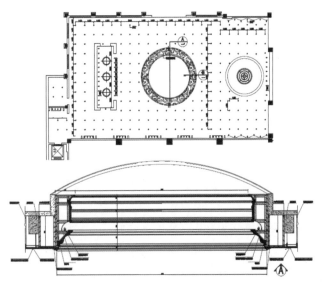

图5.22　大堂天花节点图

（4）机电设备专业施工图，包括室内给排水、室内电气照明、空调和暖气的室内管道平面图、系统图以及施工详图。

（5）消防及保安监控系统设计图，包括消防通道、防火分区、防火墙、防火门、消防栓以及烟感、防火喷淋、闭路监控电视的平面布置图、系统图以及施工详图。

（6）室内音像控制系统和背景音乐系统设计的平面图、系统图以及施工详图。

（7）环境保护及方便伤残人士的设计措施。

（8）各专业图纸目录、首页封面。

（9）提供主要装饰材料的实物样板。

此外，家具设计、装饰设计、灯具设计、门窗、墙面、顶棚连接等是设计发展阶段的完善内容，需更加深入地与施工和预算结合。

4. 节点图、大样图、剖面图设计

两个以上装饰面的交汇点按垂直或者水平方向切开，为了标明装饰面对接的方式和固定方法的图称为节点图。节点图对于装饰面连接处的构造应交代清晰，并应注明详细的尺寸和收口封边等具体施工方法。大样图的制作根据设计的各节点和选材来确定。将装饰面进行剖切，表达结构构成的方式和材料的形式，以及主要支撑构件的相互关系的图称为剖面图。在剖面图中，相应的尺寸、工艺做法及施工有严格的要求。

在设计实施阶段，整个设计方案将进一步向纵深层次发展，特别是在技术层面上将得到进一步的深化与完善。如果设计师对技术"细节"并无进一步的深化与完善，再好的"构想"也只能停留在"空想"阶段。成型阶段是对阶段性思维成果的完整表达，设计师应充分考虑表达的完整性、严谨性与科学性。

通过平面图、立面图、剖面图、轴测图等技术性图纸的表达，使设计施工团队及业主对设计有了全面的认识与了解。平面图、立面图、剖面图是对设计方案片段的分解，运用标注尺寸、制定比例等对设计方案进行"描述"较为方便，具有很强的实用性。

5.3 施工阶段

施工阶段要求施工图设计深化程度应符合国家规范标准，这一阶段是方案设计的进一步细化，须满足施工的具体要求，细化到每个区域的细节尺寸，包括家具陈设的具体尺寸要求等内容。

5.3.1 了解现场

当场地基础完善后，便进入了实质的设计阶段，实地的考察和详细测量是极其必要的。如何将设计师的设计落实至实际的空间当中，是这个阶段的重点。设计师可根据现场的复杂性、隐蔽工程的定位、图纸的空间想象和实际的空间感受之间的差别、实际管线和光线等，汇总、分析现场的诸多因素，缩小设计与实际效果的差距。

1. 项目概况

项目概况一般包括：工程项目结构类型、工程项目建设环境、工程项目工程质量、工程项目工期目标。

2. 现场实测

设计师要熟悉具体的施工方法，对现场的关键部位进行计算编排，了解整个项目施工中的重难点，尽量通过前期实测找到成本降低的措施，对工程的质量管理进行合理安排。

按建筑施工图纸要求在现场实测，核实现场情况和图纸中的要求是否相符，特别要注意以下几个方面：

(1) 测量建筑物每个面的长、宽、高，比较现场与图纸尺寸是否存在偏差，楼层净空高度、设备安装后的净空高度与设计的顶棚高度关系，并做好记录，如有偏差应找出原因并及时处理。由装修施工方负责开出各施工楼层室内各施工面三维相对基准线。

(2) 测量轴线尺寸，对照、处理误差。

(3) 核实现场的地面找平情况，确定各层施工±0.00水平面。

(4) 基准线确定要与建设方、设计方、监理方确认签字。

熟悉现场，根据现场情况、建筑施工图纸和装饰设计要求，核实设计图纸的消防管道设备、空调管道设备位置、电器线路和灯位等与装修施工图的布置要求关系。

5.3.2 细节跟踪

通过对直接影响生产和服务的细节进行策划和控制，确保工程施工过程处于受控状态，确保生产、服务提供符合规定的要求，实现质量方针和质量目标。

1. 跟踪程序

进入施工现场后，必须对施工人员进行岗前教育培训和交底，施工安全、技术交底等均应与操作人员签字确认，具体交底内容以施工日志或安全、技术记录保存。

(1) 大型、综合型或复杂性较高的工程，由设计单位及总工办组织项目部对施工人员进行质量技术交底。

(2) 一般工程由项目部向施工人员进行安全、技术交底。

(3) 分部、分项工程由项目部组织管理人员向施工班组长及操作人员进行安全、技术交底。

2. 过程控制

每道工序完工后，由该道工序的施工组长负责班组内检、互检，合格后与后道工序施工组长办理交接，以保证工序操作符合质量技术交底要求，互检可不做记录，自检、交接需由项目部质检员做好自检记录和工程中间验收交接记录，对不合格的半成品或成品按不合格品控制程序规定处理。如不能立即转入下道工序，操作的班组应执行产品防护管理规定进行保护，经检验合格后转入下一道工序。对于要求提供施工记录，测量复核及预检记录的施工部位，应设置检测控制点，由施工员负责做好记录。发现有可追溯性要求的施工部位，项目部施工员执行产品/服务的标识和可追溯性管理规定，现场施工管理人员，应填写施工日志，将施工情况、技术、质量、安全等有争议的内容进行详细记录（图5.23）。

图5.23 工地现场隐蔽记录

3. 设计变更

设计变更包括工程设计文件更改和施工组织设计更改，具体内容如下：

(1) 施工过程中出现设计变更时，由现场设计师或项目负责人组织与相关方进行洽商，办理设计变更，签发设计变更通知单。

(2) 洽商记录、设计变更办理后，应将资料复印，分发到应持有人手中，并做好收发登记。

(3) 施工图纸持有人收到洽商记录、设计变更复印件后，应将洽商内容、设计变更和设计变更编号，在施工图纸做好标识和记录，并及时通知施工班组。

4. 材料控制

(1) 对于顾客供货，现场材料员负责执行《顾客财产管理规定》；由工程供方提供的材料，按《物资采购管理规定》予以控制。

(2) 进场材料的堆放、贮存、标识应符合《产品/服务的标识和可追溯性管理规定》和《物资进出仓管理制度》要求。

(3) 进场材料应经过进货检验或试验，才能投入使用或安装。

(4) 档案管理、技术档案管理、归档管理。

5.3.3 档案管理

项目工程策划的档案管理内容包括项目原始性资料、图片记录等有价值的、真实性文件的保管与记录，不仅记载着整体工程项目的铺设及构筑活动，而且包含项目整体性的设计策划方案。

1. 设计管理

（1）业务副总经理是与业主有关过程的主管领导。

（2）市场拓展部是规定的归口管理部门，负责工程项目、设计项目的合同评审管理及归档工作，并建立《工程信息登记表》《招投标台账》《合同台账》等质量记录。

（3）市场拓展部负责工程项目、设计项目投标工作的组织与协调。

（4）市场拓展部负责组织投标项目组进行标书的编制工作。

（5）设计部负责设计标的编制工作。

（6）市场拓展部/设计部收集、整理投标资料，移交办公室存档。

（7）在总经理授权委托下，市场拓展部负责工程项目、设计项目合同文本的起草和合同的洽谈，并按照要求组织合同评审，报总经理批准，签署合同。

（8）顾客签订的合同，市场拓展部负责对项目部/设计组进行合同交底。

（9）项目部/设计组负责合同的履行，参与合同变更事实的洽谈并草拟补充（变更）条款，市场拓展部负责组织对补充（变更）条款评审，报总经理批准、签署补充（变更）协议。

（10）项目部/设计组协助市场拓展部/设计部负责本项目完成后的合同资料的收集、整理，并移交给办公室归档。

2. 设计合同的管理

设计合同从合同的编制、合同的管理、合同的审查三个方面内容进行。

（1）合同的编制。

在合同编制中，应该注意的重点为界面要清楚、要求要明确。合同中的文字描述或粗或细，需考虑签合同双方的本质特点、信用关系以及装饰项目本身的特点。

1）合同编制要与设计团队的组织结构、设计管理者的组织结构相联系。

2）合同编制要明确服务范围。因装饰工程项目具有特殊性、复杂性，在确定服务范围时，需内容明确、设计范围精确，避免存在空白点。设计跟踪与项目管理类似，要减少服务界面或将其界定清楚，以减少不必要的风险。

3）付款方式与设计进度需保持一致，规范化、表格化、秩序化。

4）合同要进行动态管理，包括合同的跟踪、清理、变更。

5）合同编制要与工程的承包模式相联系。由于施工多为团队配合，两个或多个施工单位共同施工，因此需要考虑分标段设计跟踪配置。

（2）合同的管理。

合同管理的原则可归纳为两点，作为设计管理者，要明确设计内容以及责任范围。

1）工程合同是项目执行者的依据，项目执行者与技术配合需要重视合同，用签订合同作为项目基准。

2）要有所谓的"合同闭口"，将任务界面界定清楚，如设计任务内容、设计服务内容等，要有合同及其对应的结果。合同需明确双方的工作范围、工作要求、进度要求，需要有明确的设计费和支付方式，现场技术交底次数，设计跟踪内容，时间、技术衔接、配合等。

（3）合同的审查。

1）对设计人员要明确责任，在合同里明确相关的服务人员要求。审查合同主要在于设计师，设计师的责任心对项目具有举足轻重的作用。

2）政府需要进行审查或强制性审查。在我国普遍采用设计审查制度，大多数投资项目（除民营企业、个体户外）都需要设计审查。

5.3.4 竣工总结

对施工项目的过程加以总结和记录即为竣工总结。工程进度表、隐蔽设施记录、工程验收记录以及各种签证单等应均包含于竣工总结中，且施工总结中要对售后服务进行合理的安排，配合业主将实际的工程量进行记录、验收，做出相应的经验总结（图5.24、图5.25）。

图5.24 现场大堂吧台竣工照片　　　　　　　　图5.25 现场大堂接待台竣工照片

1. 检验过程

（1）对形成工程质量的主要工序进行检验，并由项目部做好记录。

（2）特殊过程质检员按施工规范进行自检，并做好记录。

（3）依据国家、地方以及合同约定的工程质量标准或顾客的要求，对工程的质量进行评定。

（4）如因施工周期紧张，在检验报告完成前需立即转入下一道工序时，在经申请批准，做好标识、记录及有可靠追回措施时，可做例外放行，但属隐蔽工程或其他工程未检验合格的情况下，不得例外转序。

（5）最终检验和试验：依据质量计划中规定的有关检验和试验均已完成，且结果满足合同要求的情况下，方可进行最终检验和试验。最终检验包括内部竣工验收和完工交付验收。

（6）内部竣工验收由总工办、工程部组织项目部按国家验收规范及合同要求对竣工工程进行检验，试验和评定，并做好记录。对不符合竣工要求的，应立即通知作业人员返工，督促限期完成。

（7）内部竣工验收合格后，以竣工报告的形式通知业主，由业主对工程进行最终的质量验证。

2. 监控过程

（1）产品进货检验最终检验和试验必须形成书面记录，由指定专人保管，以证明该产品已按规定的验收标准通过各项检验和试验并取得合格证明，当该产品没有通过检验和试验时，必须执行不合格产品控制程序。记录中应有负责合格产品放行的相关人员签字。

(2) 对采购材料的检验标识由材料人员负责，标识状态分为"合格、不合格、检验待判定"三种。

(3) 过程产品的检验和试验状态的标识由质检人员负责，其中施工过程检验和试验状态以伴随的检验记录进行标识，对过程产品和隐蔽工程的检验和试验状态，通过记录或工序交接记录进行标识。

(4) 对不合格的材料和交付工程，执行"不合格品控制程序"中的有关规定处置后，及时改变其标识。

(5) 工程部负责保护好对材料和交付工程检验的标识。

3. 测量

(1) 工程部是服务提供的监视和测量管理的归属部门，负责提供服务并进行监视和测量。

(2) 定期调查顾客对公司产品质量和服务质量的满意度，并对顾客的抱怨、投诉或索赔采取相应措施。

(3) 要定期收集内部沟通所提出的问题及采取纠正、预防措施记录，进行分析汇总、评价。

4. 售后服务

(1) 产品在保修期内对客户进行质量回访一次。

(2) 对顾客满意程度进行调查，确定顾客的需求和潜在需求。

(3) 建立顾客档案，了解顾客的倾向，及时做好开拓业务准备。

(4) 以面谈、信函、电话、传真等形式对顾客进行信息咨询并加以记录。

5. 记录

(1) 施工过程检查（验证）记录表。

(2) 工程回访/保修记录。

(3) 紧急（例外）放行申请单。

5.3.5　竣工图编制

竣工图是装饰工程竣工资料中的重要部分，是工程完成后的主要凭证性材料，也是工程竣工验收结算的必备条件和维修、管理的重要依据。随着项目完成周期的增长以及各种复杂的隐蔽工程项目（空调、消防、给排水、强电、弱电、智能设施等）的后期管理维护，竣工图为工程管理和维修的技术项目提供了重要依据，其对建筑物项目的各种管线位置、承重墙位置等有明确的注释，符合相关标准要求，对项目工程安全保障具有重要的参照意义。

竣工图绘制包括利用施工蓝图改绘的竣工图、在二底图上修改的竣工图和重新绘制的竣工图三种类型，报送底图、蓝图均可，且根据实践经验，若装修装饰工程修改较多，采用重新绘制的竣工图较好。

1. 施工蓝图改绘

施工蓝图改绘方法视图面、改动范围和位置、繁简程度等实际情况而定，下面举例说明常见的改绘方法：

(1) 取消内容。

1) 尺寸、门窗型号、设备型号、灯具型号、数量、注解说明等数字、文字、符号的取消，可在图上将其数字、文字、符号等采用杠改法，即将取消的数字、文字、符号等用一横杠杠掉（不得涂抹掉），从修改的位置引出带箭头的索引线，在索引线上注明修改依据，即"见×号洽商×条"，也可注明"见×年×月×日洽商×条"。若如无洽商或其他依据性文件，按照施工实际情况修改，注明"无洽商"。

2) 墙、门窗、钢筋、灯具、设备等取消，可用叉改法。在图上将取消的部分打"×"，如图上描绘取消的部分较长，可视情况打多个"×"，表示清楚即可，并从图上修改处引出箭头索引线，注明修改依据。

(2) 增加内容。

1) 在建筑物某一部位增加隔墙、门窗、灯具、设备等，均需在图上的实际位置用正规制图方法绘出，并注明修改依据。

2) 增加的内容在原位置绘制不清楚时，应在本图适当位置（空白处）按需要补绘大样图，要注意准确清楚。图上无位置可绘时，则需另附硫酸纸补绘，晒成蓝图后附在本专业图纸后，需要注意的是在修改位置和补绘图纸上均要注明修改依据，补绘的图纸要有图名、图号。

(3) 内容变更。

1) 数字、符号、文字的变更，可在图上将取消的内容杠改，在其附近空白处另补更正后的内容，并注明修改依据。

2) 设备配置位置、灯具、开关型号等改变引起表示方法的改变，墙、板、内外装修等变化均应在原图上改绘。

3) 部分内容变更较多、变化较大，或在原位置改绘存在困难、杂乱无章的问题，可采用画大样改绘、另绘补图修改的方法改绘。

画大样改绘：一般先在原图上标出应修改部位的范围，然后在需要修改的图纸上绘出对应修改部位的大样图，并在原图改绘制范围和改绘的大样图处注明修改依据。

另绘补图修改：如原图纸无空白处，可把应改绘的部位绘制在一张硫酸纸上补图并晒成蓝图后，作为竣工图纸的一部分，补在专业图纸之后。具体做法为：在原图纸上画出修改范围，并注明修改依据和见某图（图号）及大样图名，在补图上注明图号和图名，在说明中注明是某图（图号）某部位的补图，并注明修改依据。个别蓝图需重新绘制竣工图，如不能在蓝图上修改清楚，需重新绘制该图纸的竣工图。

(4) 加写说明。

凡是设计变更、洽商的内容应当在竣工图上修改的，最好运用绘图方法改绘在蓝图上，且一律不再加写说明。若修改后的图纸仍有部分内容表示不清楚，可以精练的语言适当加写说明。

1) 一张图上某一种设备、门窗型号的改变，修改时要对所有涉及的地方全部加以改绘，其修改数据可标注在一个修改处，但需在此处加以简单说明。

2) 墙、板、内外装修材料的变化，由建设单位在图纸上修改，难以用作图方法表达清楚时，可用索引的形式加以说明。

3) 凡涉及说明类型的洽商，应在相应的图纸上说明设计规范，用文字反映洽商内容。

(5) 修改时应注意的问题。

1) 作为竣工的存档，凡有作废、补充、修改的图纸，均需在施工图目录上标注清楚，即作废的图纸在目录上杠掉，变更的图纸在目录上增列出图名、图号。

2) 按施工图施工而没有任何变更的图纸，在原施工图上加盖竣工图章。

3) 如某一张施工图由于内容改变较大，设计单位重新绘制修改图的，应以修改图代替原图，原图不再归档。

4) 凡是洽商图作为竣工图，必须进行必要的制作。

如洽商图按正规设计图纸要求进行绘制的，可直接作为竣工图，但需统一编写图名、图号，并加盖竣工图章，做出补图，并在说明中注明此图是哪一张图、哪一部位的修改图，且在原图修改部位标注修改范围，标明详见补图的图号。如洽商图未按正规设计要求绘制，均应按制图规定绘制竣工图，其余要求同上。

5) 某一条洽商不可能涉及两张或两张以上图纸，其中一局部变化可能引起系统变化，凡涉及的图纸均应按规定修改，不能只改其一不改其二。如一个样图的变动需在对应的平、立、剖面图及局部大样图上均以改正。

6）不允许将洽商的附图原封不动地贴在或附在竣工图上作为修改，也不允许将洽商的内容抄在蓝图上或用做补图的办法附在专业图纸之后。

7）某一图纸根据规定的要求，需要重新绘制竣工图时，应按绘制竣工图的要求制图。

8）改绘注意事项：

线要使用绘图工具，不得徒手绘制，墨水要使用黑色墨水，严禁用圆珠笔、铅笔和非黑色墨水。

施工蓝图的规定：改绘竣工图所用的施工蓝图应一律为新图，图纸反差要明显，以适应缩微等技术要求，凡旧图、反差不好的图纸不得作为改绘用图。

修改方法的规定：施工蓝图的改绘不得用刀刮、补贴等方法修改，修改后的竣工图纸不得有污染、涂抹、覆盖等现象。

修改的内容和有关说明均不得超过原图框。

2. 在二底图上修改

在二底图上修改洽商内容，是常用的竣工图的绘制方法。

（1）在二底图上修改，要求在图纸上作修改备考表，以做到修改的内容与洽商变更的内容相对照。可将修改内容简要地注明在此备考表中，应做到不查阅洽商原件即可了解修改的部位和基本内容。

（2）修改的部位用语言描述不清楚时，可用细实线在图上画出修改范围。

（3）以修改后的二底图或蓝图作为竣工图，要在二底图或蓝图上加盖竣工图章。没有改动的二底图转作竣工图也需加盖竣工图章。

（4）二底图修改次数较多、个别图面可能出现模糊不清等技术问题，必须进行技术处理或重新绘制，以达到图面整洁、字迹清楚等质量要求。

3. 重新绘制

虽然工作量相对较大，但在工程竣工以后仍应按照实际的工程重新对竣工图进行绘制，以便保证其质量。在重新绘制的过程中要保证原内容准确无误，而修改后的内容可以准确、真实地表现在竣工图上。对于竣工图的绘制要参照原竣工图和该相关专业性的统一示图，按照建筑制图的规定要求在底图的右下角进行竣工图章（签）的绘制。

4. 竣工图章（签）

（1）竣工图章（签）内容。应具有明显的"竣工图"字样，包括在编制单位名称、制图人、审核人、技术负责人和编制日期等内容。按规程规定的格式与大小制作竣工图章（签）。竣工图章（签）可参照竣工图图面的内容进行绘制，但需保留原施工图工程号、图号、原图编号等内容。

（2）竣工图章（签）的位置。用蓝图改绘的竣工图将竣工图章加盖在原图签右上方，如此处有内容，可在原图签附近空白处加盖，如原图签周围均有内容，需找内容较少的位置加盖。用二底图修改的竣工图，应将竣工图章盖在原图签右上方，重新绘制的竣工图应绘制竣工图图签，图签位置在图纸右下角。

（3）竣工图章（签）是竣工图的标志和依据，要按规定填写图章（签）上各项内容。加盖竣工图章（签）后，原施工图转化为竣工图，编制单位、制图人、审核人、技术负责人要对本竣工图负责。

（4）原施工蓝图的封面、图纸目录也需加盖竣工图章。

竣工管理工作包括施工项目的核查、施工设施的转移、工程成品的清理、工程费用的结算、工程成品的验收、竣工图的绘制、管理资料的汇集、资料移交等。

第 6 单元
设计策划

6.1　设计谈判

设计师在前期谈判过程中，需要与业主进行交流和沟通，将设计方案呈现给业主，使其能够理解设计构想，同时要将业主的想法在设计中体现出来，和业主达成共识。交流与沟通的过程需要一种坚韧不拔的谈判毅力，还有一种无法用逻辑推理或用公式推导的特殊技巧。一名经验丰富、能体察业主心理的设计师能很快获取业主的信任，促使其对设计方案形成肯定态度。经验表明，设计师在向业主介绍方案时，要站在高起点的位置，体现较高的文化修养，表达方式需要有层次性、逻辑性、步骤性与准确性，尽量采用引导的方式来进行谈判，避免使业主产生疑虑、戒备心理，误认为"强硬的推销"，同时设计师谈话的表达与技巧需要在实践中不断探索、总结和提高。

通过多次谈判和论证，促使业主与设计方之间搭建双向交流的渠道。谈判和讨论之间存在明显的区别，谈判的目的是收集信息，而讨论的目的是对信息进行汇总并做出决策。收集的信息是分析、计算、讨论和决策的基础；在理清影响和用途之后，信息才能变成有用信息。在协助决策者和使用者之间双向沟通的过程中，设计师扮演了三个角色：促进者、文件整理者、专业技术人员。作为促进者，设计师代表客观的立场，引导谈话的方向，促成与决策者进行坦率地交换信息和想法。一般情况下，设计师的调研程序为：将谈话集中在项目目标上；询问与项目密切相关的问题；不时地总结或概括；不断地回到主要概念上，反复论证，直至形成决策。

在前期设计过程中，文件整理对成功的沟通具有重要作用。对于谈判中得到的回答进行整理的内容包括：回答者是谁、谈判进行的时间、根据信息索引对信息进行分类等。逐字逐句的记录是不必要且不可取的，但由于数据整理之后将被设计师不断引用，因此必须保证谈判中所提及的原始数据准确而完整。最终设计阶段的商务谈判目的是使设计团队能够顺利地谈判成功，并求得良性的、长期的、稳定的生存与发展。

6.1.1　运作

谈判需要具备目的性，明确、直白地说服对方，建立双方的合作关系，整个运作过程基于双方建立的合作可行性，在分析、权衡双方利弊后，针对各自的需求，策划一个使双方受益的合作方案。设计师需明确以下几点：

（1）业主的需求是什么？尽管设计师与业主的需求各不相同，但在一点上会达成一致，即通过合作满足自身发展，进而促进双向的经济效益。

（2）我方的目标是什么？对这一问题的回答，是说服业主对自身产生信任的条件与依赖的依据。

（3）两者的结合需分析双方合作的基础，提出能够保障对方效益的合作方案，即设计策划书。在做设计策划书之前，要根据业主提供的资料进行实地的调查研究，通过与业主反复交流的方式来探求设计的依据、灵感的主题、创意的契合点。

阐明策划设计方案的创意亮点进而打动业主，使其接受并肯定设计方案及理念。这一工作通过图解概念传达的形式来表达，如电话或约见形式。设计师所强调的理论（如功能至上、反对形式等），对于部分业主而言，需要时间考虑。因此，在这一阶段，设计师可以引导业主进行设计理念等方面的理解。

前期运作时，务必注意设计的方向性，既要强调设计的功能性与形式上的问题，又要考虑环境与技术、地域与文化之间的关系。设计策划书要在客观严谨的同时，尽可能突出创意理念和实施细节。此外，须与业主坦诚以待，能做什么、不能做什么、有什么优势、可以如何发挥等要一目了然，力求使业主在设计策划书中感受到设计师的责任、态度、专业能力等。此外，还需准备和组织素材，围绕业主的需求而展开才能具备较强的说服力。

衡量一份策划书的最终标准为达到对方的预期目标。对于设计预算，尽可能做到明确而翔实，包括所需资金数额与支付方式等，避免漫天要价，保证设计活动顺利进行，表明合作的诚意。

6.1.2　站位

设计师的"站位"，就是摆正自身在工作中的位置，并完成相应的设计任务。设计师与业主之间存在辩证关系，业主是设计师的老师，同时设计师在某些专业方面也是业主的老师。设计师要有全方位的综合把控能力、认识能力，具备逻辑思考能力和解决问题的能力，只有达成能力的统一，设计师才能发挥作用影响或改变业主的行为习惯，引导其追求更好的空间环境质量。

针对不同类型的业主，设计师要找到突破口并进行沟通，适当揣摩、分析业主的性格与心理活动。有些业主态度较为强硬，设计师需要给予尊重与肯定，再施以引导。有些业主较为细致，设计师提供的建议需要更加细致。有些业主常常拿不定主意，设计师可以帮助其选择最佳方案。此外，还需分析业主的经济实力，使建议或方案能够切中要点及符合业主的承受能力。

在与业主最初接触时，要揣摩其品行和人际关系，有助于保护设计师自身的权益，以舒适的姿态或形象与业主接触，并在短时间内取得业主的好感和信任，促使设计理念和方案一标中的。无论业主的背景如何，品行如何，财富如何，对设计师的信任程度如何，他们都是真实存在的，都有各自的思维、感觉，或自我表述。最好的沟通办法是以业主的兴趣点为基础性引导，促使业主在轻松的气氛里主动表达、倾诉，无形之中，设计师便能成为为业主提供帮助的人。在最初的沟通过程中，与业主的交流应为心灵的交流，不应只停留在"方案"这一内容和话题上，用真诚赢得业主的好感和尊重，能够更好地达到沟通的目的。

设计项目的成功与否，与谈判技巧、经验和政策支持等密切联系。设计项目是一个系统化的工程，任何环节出现问题都会影响到其他方面，因此设计师要避免出现纰漏。

6.1.3　互动

一个出色的设计师应该像一个专业的谈判专家一样，具备出色的交流、沟通能力。一个优秀的设计师团队应在一个项目进行的初期阶段，创造出良性的"互动关系"，使方案能够按照高效的方向发展。

在设计初期的概念阶段时，设计师将对项目的理解和初步构思概念化地展示给业主，通过手绘图的方式与业主互动交流，这便是设计师能否在项目的初期阶段与业主建立起良性互动关系的能力或能否把握住机会的能力。而在此设计初期阶段，设计师的构思或意向营造的空间氛围都可以成为设计沟通的话题。

当设计师要说服业主接受自己提出的结论时，就必须依靠事实和论据。设计师要依据业主的方向性建议确定事实和依据内容，在反复沟通和交流的过程中进一步了解业主的想法，做到双方心中有数，创造一个"共同完善"的最佳合作状态。设计师要避免将自己视为"艺术大师"，只在设计的最终阶段将设计成果展现出来，任由业主评判喜欢还是不喜欢，这种单一"输出"关系是非常脆弱的、被动的、充满风险的，并不是一个高效的合作模式。

6.1.4 协商

协商过程实质上是与对方商讨设计的细节问题，设计细节所涉及的问题繁多而复杂，一般包括技术环节和商务谈判环节。

技术环节强调功能问题，需要经过多次的论证才能确认或准备如何去做，要求明确而详尽。特别要注意的是每次汇报都要具备目的性，解决当下阶段面临的问题，并且要将每次会议纪要记录下来，以便存档备案。针对业主提出的问题，通过会议讨论的形式确定下来，协商过程中应加强设计方案的创新环节。

在进行商务谈判过程中，合同关键的问题及设计相关的实质性问题一旦签订，便须承担相应的法律责任，而设计预算报价也是商务谈判工作中的主要内容。如何能够让价格合理，需要特别注意谈话技巧，同时可以传达以下三层含义：

(1) 设计的价格实在、不含虚假信息，且施工真材实料。

(2) 合作双方均有合作诚意的情况下，可视情况说服业主给予价格上的让步。

(3) 如业主一味坚持自己的价格定位，可适当调整谈话技巧，将重点放在"高质量设计与施工"的一致目标上。

协商与交涉过程就是揣摩业主心理并有针对性地化解矛盾的过程，在整个交涉过程中要确确实实地站在对方角度来考虑，帮助业主解决问题。只有使业主认识到设计师的付出，并使其从项目中受益，才能顺利得到业主的投资并获得谈判的成功。

6.1.5 落实

落实过程实质上是与业主商讨设计细节的阶段，推敲、确定出一个精彩的设计方案、设计说明。文字可对图纸进行补充说明，且易于引起客户的好感。设计说明能够将抽象性思维用文字方式系统地表述出来，更具有参照性。一个优秀的设计师应当具备丰厚的知识储备和扎实的文字功底。落实阶段的目的是体现设计师的专业素质与能力，使业主对设计师及其代表公司产生相应的好感。

近90%的空间功能组成在平面布置方案图展现，因此，设计师要用认真和严谨的工作态度讲述平面布置方案图。在与业主落实平面功能布置图时，设计师不仅要使客户了解平面功能布置的方案状况，而且要促使客户欣然接受"功能至上""以人为本"的理念，进而增进业主对方案、设计师的认同感。如部分业主出现烦躁的情绪，说明此次谈话并没有引起业主的注意或方案本身没有打动业主，可以在之后的步骤中弥补。而通过观察业主，判断该阶段的目的达到后，可以进行下一步骤，即讲解除效果图之外的其他图纸，使业主充分了解方案细节和设计工作的具体内容，引导业主进行空间环境的推导与想象，帮助业主建立空间设计的认同感。如方案中没有太大缺陷，此步骤将流畅实施，并开展下一步——效果图的讲解与说明。如之前的步骤进展顺利，效果图表现有限，设计师可以向业主明确观点"效果图与现实空间打造存在一定差距，由电脑绘制的效果图较为呆板，现实空间较为灵动与活泼"；如之前的步骤进展不顺利，则需要以更优质的效果图挽回局面。

在与业主进行落实阶段的会议桌上至少准备三样东西：图纸（含预算）、一本正式的客户意见笔记本和一张稿纸。业主的建议可记录在笔记本上，避免在图纸上备注信息，而对于图形的描绘可以在稿纸上进行，现场敲定修改的可及时标注在图纸上。

设计前期是投资的过程，有投资就存在风险，因主观意识的不同，设计师做每一次或每一项任务都难以使业主百分之百地满意，但只要设计师的工作落实到位，业主一般不会过于为难。好的设计与服务能够吸引业主的二次青睐，且业主往往乐于"穿针引线"，引入更多不同需求的业主，达成与设计师的良性合作模式。如果设计师善于交际，那么两者可以探讨共同兴趣或话题，建立良好的人际关系；如对方是有着丰富生活阅历的长者，那么设计师可以从中学到为人之道，搭建起互相信任、欣赏与支持的关系。

6.2 设计表达

设计表达始终贯穿于整个设计过程。构思阶段的表达担负着将前期的"思路与想法"转化为"视觉形式语言"的功能，设计师在对平面做概念分区之后，要对各功能区进行有机地整合，结合定性分析、定量分析和比较分析加以设计，即将各功能区域及层次性有机联系起来，形成区域的连贯性，既要满足空间使用的便利性，又要使整个空间动线流畅，体现出平面规划的重要性。

1. 平面的连贯性

平面功能的连贯性会为空间使用者的生活带来更多的可能，设计师应该在设计方案中寻找一种合理的方式，以尽量减少传统的分割带来面积上的浪费，使整个平面可以根据需求发挥更加合理化的价值，呈现出新的面貌——"开放、围合、独立、复合"。采用连续的弧形隔断墙划分室内空间，可营造出现代形式感的"连贯方式"，以此作为整个功能的主脉，使整个空间的流线更为通畅（图 6.1）。

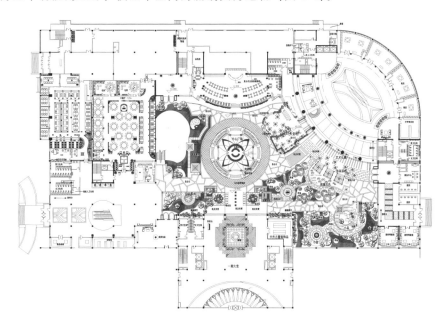

图 6.1 平面规划的开放、围合

2. 功能的合理性

平面图是对使用功能的合理划分和使用面积的适度分配,使其达到满足功能需求最佳方式的目的,标有墙体、柱体的定位尺寸,并有确切的比例。设计师可根据不同的空间功能布局进行具体的室内平面设计。平面设计图可分为平面功能分区设计图、人流动线分析设计图、空间前场、后场功能分区设计图、空间特征设计图、空间物理环境设计图、空间界面分析设计图等。平面图所表现和需标明的内容包括五部分:第一部分标明室内结构及尺寸,包括室内的建筑尺寸、净空尺寸、门窗位置及尺寸;第二部分标明结构装修的具体形状和尺寸,包括装饰结构在内的位置、装饰结构与建筑结构的相互关系尺寸、装饰面的具体形状及尺寸、材料的规格和工艺要求;第三部分标明设备设施的安放位置及空气流动的关系;第四部分标明家具的规格和要求;第五部分表明动线流程与功能的分区(图6.2)。

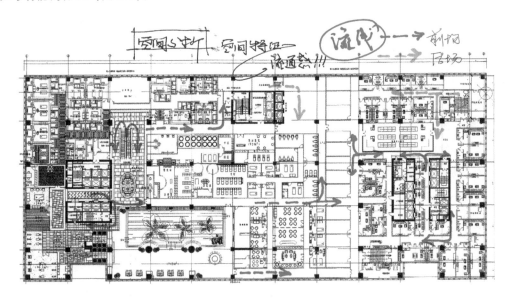

图 6.2 空间界面流线分析示意图

6.2.1 演示

为提高中标概率,首先设计师可以按照招标文件的要求使其满足条件,其次要了解评标方式及流程,如有些为低价中标,有些则按照分数的高低以及相应的评分方法来进行评标。综合评分按照招标文件的标准来评定,在现场开标的情况下,投标者的个人述标表现尤为重要,因此投标者应提前做好准备,将演示文件修改完善且组织好陈述逻辑,以免遇到要求现场述标的情况。对于演示文稿的制作应更为用心,通过演示文稿可以系统地展示企业形象与企业案例。与此同时,要对业主进行一定的背景分析,做到有针对性地为业主做相关的方案改进,树立设计师专业的态度与形象。

设计师在前期的准备阶段,一定要重点了解废标条款,避免因细节不达标而发生废标的情况,投标时要对招标负责人有一定的了解,并提前准备好现场各种意外情况的应对措施。演示阶段的工作重心是使业主充分相信设计团队的实力并认可设计方案,化解对方的疑惑,商讨合作细节,最终确定具体的设计合同。

6.2.2 述标

对于述标而言,最重要的是对演示文稿有非常熟练的记忆,同时演示文稿的系统合理也极为关键。从文稿项目的规范和功能说明来看,项目中的维护实施非常重要。对于方案的特色、形式要联系客户人群,演示文稿的制作要考虑一定技巧。陈述的方式要有一定的练习，在与人交流和述标的过程中，要根据业主和评委的表情、态度做相应的调整，注意自身的表达和语气。在述标的过程中，根据当时的情况来做出相应的对策，这就要求设计师或述标人要有一定的经验和随机应变的能力。述标的过程中要抓住重点，将主要的内容逻辑清晰、思维严谨地讲述出米，从宏观角度讲述公司的优势和技术上的优点，在内容上要更具有可操作性。述标通常有具体的时限要求，在一定时间内将重要的信息如技术、设计、实施、整体项目介绍等表述完整是具有一定挑战性的，在述标时要尽量多地讲述本设计方案与其他方案的不同及特点，促使评委产生兴趣。

在述标的过程中，要针对不同的评委、高层管理人员或专家有侧重点地进行相关的讲述，如对相关系统的技术指标和规模实力等进行功能测评，对功能技术的理解运用通过相应的条件进行具体表述。

述标过程中，情绪的把控极为重要。如遇到效果不佳的情况时，要对讲述内容进行一定的现场调整。对于评委讲评及相关问题的回应要进行客观阐述，避免错误答案或模棱两可的阐述。切忌与评委发生争吵和不快。对竞标对手要保持重视，要通过突出设计方案的特点来提升竞争力，而不是恶意攻击对手。述标过程要连贯统一，调整述标状态和情绪，保持放松，充满自信，避免因过于紧张而造成失误，用最好的状态进行现场发挥。总体来讲，在述标前要做好充足的准备，述标时根据现场情况随机应变。

6.2.3　步骤

在收到资格检查的信息后，市场部在规定的时间内领取或者购买招标文件，评审人员对投标、合同进行评审，由市场部组织，公司总经理主持，总工办、设计部、工程部、财务部、预算部、材料部主要负责人参加。根据招标文件要求对招标文件中所指定的承包范围、形式、工程的质量和工期等要求，公司对满足这些要求的能力进行相应的评审，并形成招投标文件评审记录，报请公司主管领导审批，对各部门做时间上的调配，且要满足招标项目对自身能力的评估。

1. 招标文件的评估

(1) 财务部对招标文件中的付款要求、项目资金流向、流量进行把控。

(2) 市场拓展部/设计部分析竞标激烈程度及中标后经济效益的负值风险。

(3) 总工办/工程部/质量管理部对工程熟悉程度与管理经验，工人和专业技术及设计人员的技术、管理水平及数量，机械设备能力、以往类似工程及设计的经验进行梳理。

(4) 拟定工程综合说明书，借以获得对工程全过程的概括了解。

(5) 市场部、设计部、预算部的评审。

(6) 工程项目资金到位情况、工程项目报建情况、招标策略。

(7) 工期、工程变更及停工和待工的损失处理办法等。

(8) 预付款、工程款、补充预算、结算情况。

(9) 材料供应与计价办法。

(10) 奖罚措施。

(11) 设计图纸与技术说明书或设计任务书，工程技术细节和具体要求。

(12) 合同中的承包方式、施工/设计范围等。

(13) 对于图纸和说明及设计任务书中不清楚或矛盾之处，应以书面形式提出，请招标单位澄清。

(14) 评审结束后，上述各部门将评审结果记录在投标文件评审记录中。

2. 现场勘察

现场勘察主要调查下列情况：

施工、设计的现场条件，施工、设计地点的自然和环境条件，原材料与设备的供应条件，当地招募劳动力的来源和工资水平，专业分工的能力和分包条件，生活必需品的供应情况。现场勘察完后，由市场部/设计部负责填写现场勘察记录。

招标评审结束后，根据投标文件评审记录与现场勘察记录决定是否参与投标。

3. 投标文件的准备

在及时与有关部门或人员联系后，市场部的投标人员要相应索取与招标项目相类似的公司业绩资料和招标文件所要求的本公司资质资料，以及技术述标所要求的其他本公司资质资料。

市场部/设计部的技术标投标人员应参考以往类似已中标工程施工组织设计或设计方案，主要考虑施工方法、施工进度、原材料与设备计划、劳动力计划、设计效果、设计进度等方面的内容，编制施工组织设计（方案）或设计方案。

预算部经济标投标人员负责校核工程清单所列的实际工程量，如没有工程量清单，则需按图纸计算，调整各分部分项工程的工、料、机械消耗的单价，确定间接工程费、不可预见费、预算利润和政府规定税金。

4. 报送标书

市场部负责办理法人证明书或法人委托证书，在标书上加盖企业法定公章和企业法人代表或法人委托人印章，密封加盖公章，亲自或委派专人准时将标书报送给招标单位，交付后应取得收据。在编写和投送标书前应仔细研究"投标须知"，按规定认真填写全部表式。标书的内容和格式一般由招标单位制定，作为招标文件的组成部分，由投标单位按要求编制和投送。标书填好后，要详加校核，特别要注意总标价大写数字与小写数字是否一致，分项工程报价之和是否与总价相等，避免造成废标。

一般情况下，有下列情形之一的，投标书即告作废：

(1) 投标书未密封。

(2) 投标书未按规定填写，字迹模糊、辨认不清。

(3) 企业法定代表人或其委托代理人未签字或未盖法人印鉴。

(4) 投标书过期送达。

(5) 投标人未参加开标会议。

(6) 招标文件中规定的废标条文。

为了避免造成废标，在着手编制标书之前，应认真地研究投标须知中"有关标书编写和投送的规定以及废标条件"；对有疑问之处要在规定时间内提请招标单位答疑，不可擅自解释；编写的正副本要指派专人负责核对，确认无误后再按规定加盖印章并密封。

投标小组负责人组织有关部门参加开标评标会，并在现场负责解答招标单位所提的各种问题。投标结束后，如落标则由市场部按规定收回投标函和押金。

5. 合同的草拟、评审与签署

中标后，由公司主管领导负责组织工程部/设计部就签署合同事宜与业主进行谈判，并草拟合同稿，按招标文件要求组织人员进行合同评审，连同合同评审记录交公司总经理审批，总经理确定总评结论和合同草稿修改意见。市场部/设计部根据修改意见对合同稿修改后，公司主管领导在"修改结果"栏上签署意见，送达业主，如业主存有异议，则对此按上述程序再次评审，直至达成共识。其中，如有法律责任不清时，可由公司的法律顾问对合同有关条款进行审阅，最后由总经理批准、签署合同。

6.2.4　技巧

投标讲求一定的技巧，影响中标的关键因素包括与用户和招标单位之间的关系、项目运作的能力和投标价格三个方面。由于用户的倾向性对于招标的情况具有很大的影响，因此与客户间的关系会对招标的结果产生直接的影响。想要保证公司的利润，与客户的关系极为重要，对于招标公司间的关系更不容忽视，因其可得到最终的客户想法，且了解众多评标的相关标准。评标小组的人员较多，其中包括应邀专家，他们的看法与决定也是影响中标的重要环节。

项目前期的调查与资料搜集具有关键作用。从多方面的信息中快速捕捉出重点或有用信息、制作标书的过程是设计师能力的一种体现。在项目运作的过程中，能对相关信息进行跟踪捕捉，就会为整个项目和投标过程提供更好的条件。在招标文件公布发出前对于相关信息的了解是十分重要的，这也考验设计师对时机的把握。了解竞争对手，加强对客户的了解，调整与客户间的关系尤为重要。通过邀请函筛选有效信息，了解正文内容，关注相关要求，理解客户的实际需求，在规定的时间范围内理清思路，制定紧随客户需求的标书才是设计师所追求的目标。切实考虑客户的需求状况，通过前期接触提供可行性方案，展现公司的诚恳态度和特色。认真对待投标书，避免不必要的失误。通过了解竞争对手以及对方的价格，总结规律。对于标书中没有的问题可以单独探讨，尤其注意新的费用。

检查邀请函上的内容是否与公告上的一致，对招标文件的装订、包装等具体办法进行一定的了解，准备所需证件，尽量避免投标文件的修正问题。对报价的考虑则要关注工程的进度情况，对于工程单价进行合理的计算。对评标的原则和细节一定要有所把握，对于投标文件质量和中标的概率要进行科学的计算。通过对细节的分析，详细地制定投标的方法策略。装饰工程项目的投标要考察综合素质与能力，要通过仔细的研究，将文本的编辑策划做到最理想的程度。

时刻把握标书中的重点内容、标书的总说明、清单报价等，进行反复的检查、思考，对相关工程管理事项进行清晰化说明。工程报价方面的情况应进行多次审核，以免出现疏漏。标书文件在编制的过程中要有总的方向说明，不仅要有质量、工期等的具体说明，还要有相关安全说明及管理承诺等，在施工方面对于施工具体方案和施工措施技术等也须有详细的说明。在编写文件的过程中，要注意每一部分的关键表述内容，如对时间及相关规定等要做具体表述。

在报价金额方面应尽量避免偏差，否则将影响投标结果，而相关信息的不完整也应避免，否则在投标的过程中会出现变动情况。投标中的工程与材料分析要做到细致，这样既能适应激烈的竞争，更有利于提高中标的概率，且报价前进行相关的项目调研十分必要。工程考察如果发现存在风险则需谨慎参与，要了解建设的环境、规模以及相关税收等问题，根据之前的企业项目进行成本的分析。材料的采购方式和途径要紧跟社会形势，可借助互联网优势进行采购。对人工投入的成本要进行相对的控制，考虑风险并制定相应的对策计划。充分检查资金的运用能力、工程的难易程度和对资金设备的综合分析。采取不平衡报价的方法，适当增加前期项目的报价，后期根据实际情况进行调整。

6.3　设计品牌

在设计项目中要树立较强的团队品牌观念，形成共同的目标，成员之间要建立一定的信任并制定相关规范管理整体团队。共同目标的确立是实现团队凝聚力的首要前提，通过阶段性的努力降低风险，由团队管理者做相应的控制。团队成员之间应相互沟通、交流，经过一定周期的磨合，团体组织才能具备协调问题的能力，进而产生默契，提高工作效率，拥有创造力。在团队协作的前提下，设计师才有机会追求更高效的发展状态，培养自身及团队的相关技术能力，提高团队整体的品牌效应。

品牌策划在项目中的作用最为核心，只有团队成员间的共同协作讨论才能让整个项目更好地运作。经营负责人和技术负责人是项目团队的领导阶层，一个团队的管理和领导是由策划者和团队总控来合力完成的，他们是设计团队的灵魂所在。在当今科技和人文环境的推动下，需要整合、调动整体的团队核心力。团队既是有形的，也是无形的。设计师若希望设计方案富有创意性，那就需要保持开放的心态。设计师的背景、生活经历以及思维模式的不同促使方案设计的差异，团队的协作能够将差异和特殊性统合在一起，达到更好的发挥。设计师基于个人对事物的理解和生活态度形成自己的设计观点，同时接受他人的理念和建议，促使整体的设计作品得到更好的提升。

"知己知彼，百战不殆"，只有在运作中了解到这一点，设计团队才能更好地经营自己，只有明确自身的优势和了解业主的需求，设计才能做到有的放矢，才能将经营理念、设计意图和设计方法更好地表现出来。同时，设计师要学会资源的利用，设计团队要与国际接轨，通过学习国外设计管理经验，将国外的设计管理课题引入国内的实践中，突出以设计管理专业为重点的合作领域。设计管理师的工作并不是简单的款式或工艺设计，而是集合企业发展品牌战略、客户需求定位、未来时尚潮流预测等因素，提出宏观的设计方向及思路。此外，要将最简单的事情用细节丰富的概念去做，把最复杂的事情用整体化的心态去完成，便能将设计做得更好。设计过程中看似简单的事情，实际上是完整设计链中的一环，而一个看似很复杂的规划，可以运用简单的思维逻辑概括、简化。设计项目要在不断整体化和细节化之间切换，才能更加完整和丰富。

6.3.1 核心实力

设计管理的核心组织被称作"核心实力"，室内设计的管理模式和品牌管理的组织结构是直接相关的。如果设计管理采用一些模式，那么相应的新型组织关系基础和纽带即为设计合同。设计管理在新的模式下是一种市场活动，设计合同作为设计管理者的"宝典"，是除了国家法规之外程序管理的依据，因此，设计管理公司、项目管理公司与业主签订合同是极为重要的一步。

由于装饰项目涉及面广、技术复杂，装饰项目需要监理管理公司，而监理公司的组织机构需要进行社会化、市场化的操作，并建立与之相适应的管理机制。聘请技术专家和管理人员为社会共有的人才资源，要尝试利用社会力量，建立专业化、社会化、市场化品牌运作和管理的体制，以维持设计管理机构的发展。

1. 管理机制

管理机制不仅可以为下属提供管理建议，通过沟通解决下属在实际工作中遇到的问题，还可以更好地推动管理的良性循环，调整总体的工作进度。由于"管理"和"管制"的概念不同，管理者所扮演的角色为建议者、计划者，而不是监督管制者。下属对于管理者制定的目标应努力实现，管理者要发挥领导者的能力培养下属，为其提供具有可行性的合理化建议，更好地推进管理目标的实行，从而使整体的作业体系更高效，推行和完善管理制度的同时，考虑不浪费资源的作业体系（图6.3）。

管理机制是项目管理系统中内在的功能运行和联系。管理机制具有内在性、系统性和客观性。对工程项目的管理机构而言，要具备组织的能力，制定统一的方向、目标，对组织进行基本的设计管理体系框架构成方式（图6.4）。

设计团队管理工作在选择优先项目或探求原因上，有许多决策需要制定。这一阶段首先需要明确、界定意向了解的内容是工作能力、设计流程，还是流程的状况（正常、异常），且要了解相应的目的。随后，根据需要有选择地使用科学的项目信息，做出正确的判断，提高工作效率。要避免设计项目失败就需要依靠标准化。在新材料、新工艺开发、竞争的时代，解决问题的代价与费用要远远高于原设计成本，因此，防止错误和问题的再度发生尤为重要。

设计团队管理者为了确保工作目标能够得到更好地实现，需要全面了解设计师的工作任务，包括要领、周期等，并通过检查、建议等一系列有效的手段，督促下属实现双方的预定目标。无论是高层管理者、中层管理者还是低层管理者，所制定的设计工作目标都必须依靠员工的力量才能得以实现。一旦发生问题时，管理者必须为下属提供所需要的协助。

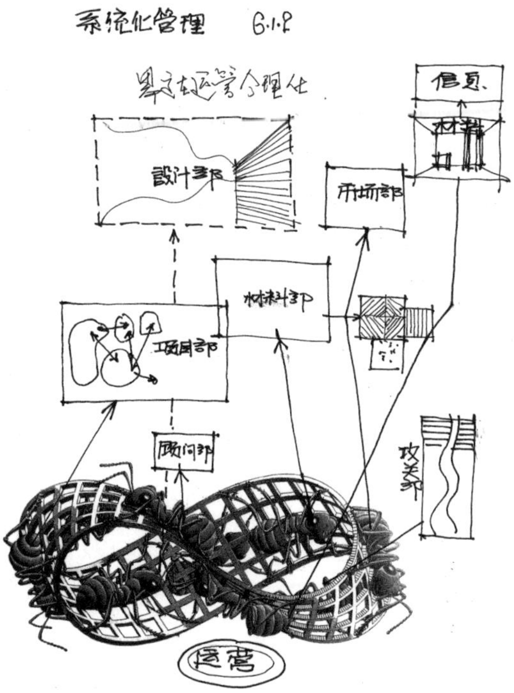

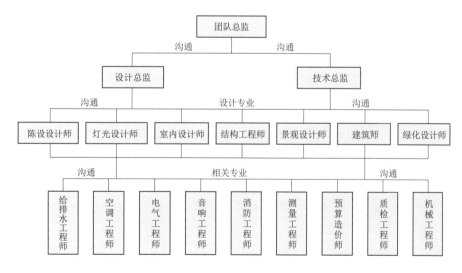

图 6.3 整体的系统化管理体系

2. 组织结构

合理的组织结构一般包括资本、人力和知识的组织结构三方面：

（1）资本的组织结构具有相应的规定，一般分为独资、合伙制、有限责任公司、股份有限公司等。但需要强调的是，一个清晰的资本结构对于潜在投资者而言非常重要，投资者以此为依据评估其所承担的责任，同时是其退出的依据。

图 6.4 设计管理体系框架图

（2）人力的组织结构比较多样化，没有固定的模式，主要取决于团队的经营。对外，人力组织结构使业主了解团队的一般运作；对内，是各种责任和权利划分的基础，同时是监督、激励机制设定的基础。

（3）知识的组织结构从宏观角度划分，分为金字塔式和网状两种。金字塔有利于权利的表达，而网状则

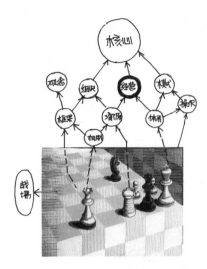

图6.5 合作制胜是
实现自我的前提

有利于知识的创造。从功能角度划分，组织结构可分为功能型、一体化和矩阵型。完成这一步取决于团队或企业主营业务的主要流程，流程中的主要步骤将成为企业的功能。这些功能可以单独化为一个部门，整个团队是一个完整的流程；也可以在不同的部门中设立，从而创造出多个业务流程，大多数团队会在二者之间寻找平衡。流程的研究和依次而定的功能部门能够优化组织的运作，即为"流程重组"。部分团队会采取矩阵的方式，利用从各个专业职能部门中临时抽调的人员组成团队，完成指定任务。但总而言之，优秀的管理设计团队和合理有效的组织模式是投资者非常注重的因素。

设计团队的成员应该树立"合作制胜"的观念和准则（图6.5），作为设计团队中的一份子，不能只关注个人的"一片天地"有无收获，避免因个人的意愿放弃、影响整个团队的设计工作和任务，进而影响设计方案进度，要将组织进行合理优化，多考虑整体团队的效益。

6.3.2 品牌文化

设计团队应通过一系列的知识技能、创新意识、团队合作，提升团队品牌文化及知名度，使之标准化、规模化、品牌化。品牌化管理作为设计项目成功的重要保证，已成为公众设计行业的核心竞争力之一。设计品牌要突出服务性、科学性的原则，履行项目设计的投资、进度、质量、安全，进行合理化管理、信息化管理与协调性控制，树立品牌意识，形成资本、技术、管理、智力密集型的设计团队，不断提高社会的品牌声誉和经济效益，保持团队的可持续发展。

6.3.3 管理模式

1. 流程化管理

设计师要了解团队内部的流程化管理。流程化管理的主线是设计时间节点和设计质量控制的主要环节，设计项目进行分析、简化、改进、整合、优化策略与规划过程，是设计生命的主线，而流程化管理是指以流程为主线的管理方法。所谓"流程"有两个关键要素：一是顾客；二是整体。其中，"顾客"是流程定义中最重要的因素，关于团队内部设计流程的观点就是顾客的观点。对顾客来说，流程是设计公司的精髓。相比设计公司的组织结构或管理哲学，顾客更多关注公司的设计与服务，而所有的设计与服务都是由流程产生的。因此，流程的观点要求设计师从顾客的角度出发，进行针对性的设计工作。设计流程的工作就要求每一个参与人员向着共同的目标努力，否则，相互冲突的目标和"狭隘"的计划会损害团队的积极性。

作为设计师要为项目业主考虑以下方面：传达先进的、正确的投资观念，整体核算投资的规模。针对项目做一个准确且客观的市场评估，提供经营功能和策略的整体构想，对总体规划和设计方案阶段的技术指标进行反复核查研究，提出意见。

作为设计师，了解设计项目管理模式的最终目的是合理地配置企业的价值所在、企业的品牌文化、企业的战略灵活性。在设计时要进行项目合理的功能配置，包括前后场的面积配比安排、企业的形象设计等，为业主提供满意的设计服务。

2. 流程化管理模式的步骤

(1) 设立流程负责人，建立以流程为中心的管理体系。

在设计团队中，流程负责人是流程管理的核心，将设计工作从执行流程的管理人员中分离出来，主要活动为：设计流程、评价流程、设计跟踪、评价流程绩效及采取必要的改进措施，为主案设计师提供培训和指导。在组织中倡导流程且对流程负责，而其他人则管理执行流程的资源。

(2) 与传统模式对比的改进。

1) 流程负责人设立后，围绕流程的各个设计班组须重新调整，建立流程的衡量系统。传统的检查价格体系可能只关注设计成本及质量，很少关注公司完成设计订单的时间，新的设计项目从概念形成到开始赢利的周转，其流程超出了传统的区块界限。

2) 在奖酬系统方面，如果相关设计人员和设计总监把控流程，其报酬全部或部分地与流程的实际绩效相关联，会鼓励改进绩效，形成共担利益的观念。

3) 内部协作系统流程从根本上讲是团队合作，而不是实施独立的个人任务，设计工作处在一个具有上下级关系的整体流程中。在由许多人涉及的设计订单的完成过程中，有用户服务代表、公关人员、技术协调、外围协调人员、财务人员等，这些员工因共同的业务目标集中在一起完成生产流程，并坐在同一办公区内，使得整个流程对参与者而言是可见的实际场地，使交流和合作更为方便。因此，需要改变传统的办公模式，变为流程办公模式，形成新的内部协作系统。

4) 培训和发展系统在流程环境中，班组以整体性的方式存在。因而，参与者必须了解整个设计流程和自己对整体的贡献。为了能做出必要的决定，就必须了解整个流程上下级的业务，同时需要对整个教育程度进行改变和提升。培训的内容主要包括国家相关政策对设计行业的影响，公司的费用结构与用户要求，了解流程的基本概念、内容及有关流程中所需要的人际协调技巧。

5) 在流程化的组织中，流程负责人设计、衡量流程，小组执行流程，传统上的管理活动都交付给实施流程的员工，员工之间没有部门界限，因而就不需要中层管理人员在各部门之间进行协调。

(3) 形成新的管理文化。

流程负责人要确保执行流程的员工所属的工作是用户所需求的内容，而一线流程负责人也必须适应新角色和新风格的变化，整合后的流程实施授权给一线员工传统的请求、命令的控制。相反地，领导班子被赋予流程协调员的角色，负责流程培训及技能评定。大多数传统上的一线主管成为一线人员，一线流程负责人成为教练，这样能够减少管理层的投入。

管理风格影响着最高层，他们要与一线流程负责人谈判，获得更多的资源，设立可达到的绩效目标，审定流程设计以适应实际情况。此外，要保证员工完成流程。如业务部门经理同流程负责人在流程问题上有不同意见时，双方应尽量协商，但最终由流程负责人决断。流程负责人要相互合作，一般通过制定管理合作手册以规范其行为。

室内设计程序化管理是设计的"灵魂"，且对设计师的要求较高，除了要有丰富的想象力、视觉创造力、创新能力外，还需具备预测时尚潮流的能力，能对整个设计方案做战略性思考，并通过有效管理充分激发设计师的灵感，最终推出独特的室内设计，引领时尚风潮。设计管理是既具艺术性，又有经济性的一种实用操作模式，制定装饰工程质量程序化管理清单，它的核心价值必须运用到社会经济活动中得以实现（表6.1）。

表 6.1 装饰工程质量程序化管理清单

序 号	项 目	序 号	项 目
1	GBGC/CX0101 管理评审程序	11	GBGC/CX1001 检验和试验控制程序
2	GBGC/CX0201 质量策划控制程序	12	GBGC/CX1101 检验、测量和试验设备控制程序
3	GBGC/CX0301 合同评审程序	13	GBGC/CX1301 不合格品的控制程序
4	GBGC/CX0401 设计变更控制程序	14	GBGC/CX1401 纠正和预防措施控制程序
5	GBGC/CX0501 文件和资料控制程序	15	GBGC/CX1501 搬运、贮存、包装、防护和交付控制程序
6	GBGC/CX0601 物资采购控制程序	16	GBGC/CX1601 质量记录的控制程序
7	GBGC/CX0602 工程分承包方控制程序	17	GBGC/CX1701 内部质量审核控制程序
8	GBGC/CX0603 劳务分承包方控制程序	18	GBGC/CX1801 培训控制程序
9	GBGC/CX0701 顾客提供产品的控制程序	19	GBGC/CX1901 服务控制程序
10	GBGC/CX0901 过程控制程序		

1) 程序范围。业务范围从经营种类来看,分为设计与施工两部分。市场部应主动与设计单位、政府部门、发展商以及与经营有关的各种渠道保持联系,及时获取工程项目信息。各部门所有人员均可以公司名义对外联络,收集工程项目信息。各部门获得工程项目信息后,由市场拓展部将工程信息登记在工程信息登记表上,并呈报公司总经理,公司总经理决定是否对该工程信息项目进行跟踪,所填写的工程信息登记表作为项目中标后经手人员依照公司规定接受奖励的依据。如公司总经理决定暂不跟踪该项目,则市场部将工程信息登记表的相应项目加以标识存档;如总经理批示跟踪该项目,则由市场部向客户报送资格预审资料,并对该项目展开跟踪联系。设计管理程序包括:前期运作、前期设计、施工准备、实施阶段和运营期。其中,室内设计管理的工作量是管理程序的主要部分,分为投资前期和工程前期两个阶段,且两个阶段为设计管理的内容,投资前期包括可行性研究(项目建议书)、工程可行性研究和图纸设计;工程前期包括方案设计、初步设计、施工图设计、审图。在现行的设计体制中,设计团队的工作与其一致,因此对项目进行设计管理程序控制是项目管理的重点(图 6.6)。

在设计项目正式施工、进入现场实施阶段前,还包括许多内容,如投资前期、工程前期、实施阶段和运营期等工作都应包含在设计管理的内容中。

将"室内设计管理"的概念纳入设计程序,包含一个项目的立项、选址、规划,投融资的研究、策划以及项目招标、采购的研究,还包含对项目运营需求的调研和确认等。如果不全面考虑设计程序与环节,只关注表面和前期工作,不符合设计项目程序发展的规律。一般情况下,设计单位所做的可行性研究报告,其目的是为了能获得批准,使其合法化。

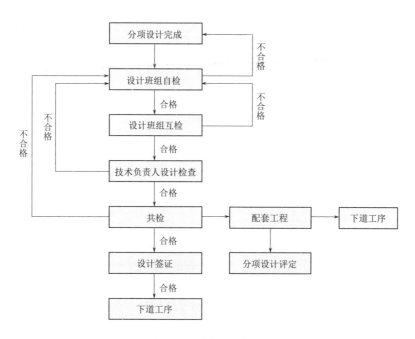

图 6.6　设计管理程序控制

当今的设计团队正在转变为市场实体化，须完成每年的设计任务量与定额，完成固定的产值，否则就难以生存，员工没有工资、奖金，工作情绪低迷，会造成公司发展的恶性循环。因此，团队的设计管理尤为重要。设计单位选择优化方案时，会对经济效益造成一定的影响。现行的设计收费制度中，设计费与工程投资简单折算，投资越大，设计收费就越多，但此类体制并不能起到鼓励设计单位去做细致的优化、深化工作的作用。要想做好设计工作，需要设计管理者起到监督的作用，设计管理者要参与设计全过程，上述工作完成后，室内设计管理的工作也相应完成，工程可以进入现场实施和施工管理阶段。此阶段设计管理的工作量取决于工程前期设计工作的深度和可靠度，如果工程前期设计工作到位，工程全部采用施工图招标，那么制定公司质量体系要求与部门职能控制管理，设计管理的工作量就能够得到有效的控制（表 6.2）。

表 6.2　　　　　　　　　　　公司质量体系要求与部门职能对照表

序号	部门 \ 项目	总经理	管理者代表	总工办	人力资源	市场部	质量管理部	工程部	设计部
4.2.1	文件总要求								
4.2.2	质量手册	△	▲	△	△	△	△	△	△
4.2.3	文件控制	△	△	△	△	△	△	▲	△
4.2.4	记录控制	△	△	△	△	△	▲	△	△
5.1	管理承诺	▲	△	△	△	△	△	△	△
5.2	以顾客为关注焦点	▲	△	△	△	△	△	△	△
5.3	质量方针	▲	△	△	△	△	△	△	△
5.4	策划	▲	△	△	△	△	△	△	△
5.5	职责、权限与沟通	▲	△	△	△	△	△	△	△
5.6	管理评审	▲	△	△	△	△	△	△	△
6.1	资源提供	▲	△	△	△	△	△	△	△
6.2	人力资源	△	△	△	▲	△	△	△	△

序号	项目	总经理	管理者代表	总工办	人力资源	市场部	质量管理部	工程部	设计部
6.3	基础设施					▲	△	△	▲
6.4	工作环境			▲	△	▲	△	△	△
7.1	产品实现的策划	△	△	△	△	▲	△	△	▲
7.2.1	与产品有关要求的确定					▲	△	△	▲
7.2.2	与产品有关要求的评审					△	△	▲	△
7.2.3	顾客沟通					▲	△	△	▲
7.3	设计和开发					△	△	△	▲
7.4	采购				△	▲	△	△	△
7.5	生产和服务提供				△	▲	△	△	▲
7.6	监视和测量装置控制					△	▲	△	△
8.1	总则	△	△	△		△	▲	△	△
8.2.1	顾客满意					△	△	▲	△
8.2.2	内部审核	△	△	△		△	▲	△	△
8.2.3	过程的监视和测量					△	▲	△	△
8.2.4	产品的监视和测量					△	▲	△	△
8.3	不合格品控制					△	▲	△	△
8.4	数据分析	△	△	△	△	△	▲	△	△
8.5	改进	△	△	△	△	△	▲	△	△

注：▲—主要职能部门，△—相关职能部门。

随着室内设计工作的日益系统化和复杂化，设计活动本身也需要进行系统的管理。设计包含设计本身及其相应的管理工作，许多设计团队或公司在开展设计项目时，仅从艺术与美学的思维中寻找设计形式与语言，而未对甲方的设计要求及技术指标进行有序而深入的分析调研，从而造成了项目的混乱，浪费了大量人力、物力，甚至最终的设计成果与甲方要求相去甚远。

2）设计决策程序。室内设计运作中，决策贯穿于设计范畴的全过程，设计决策水平的高低、效果的好坏对设计成败有着至关重要的作用，而与此同时，决策面临着较多的不确定性。

程序化决策又称规范性决策，是指决策者在领导活动中重复出现的例行决策，具有明确、显性的程序性，且这些程序可在事前设计，建构决策者需要遵照既定的逻辑路线。管理规范化、标准化、透明化保证了决策靠数据、调研论证有依据，实现了决策的科学化、规范化。同时，程序化决策表现为一种例行决策。决策者可以凭借经验按照例行规章和程序做出决定，而不必每次都做新的决策。室内的设备维修与此一致，到一定周期就应按规定去执行。为实现运作流程自动运转的目的，在决策中必须坚持按科学的程序进行决策，科学的程序是决策科学化的重要保证。

为保证程序化决策的有效性，团队必须要建立起完善的决策支持系统，决策支持系统是辅助决策者通过数据、模型和知识，以人机交互方式进行半结构化或非结构化决策的计算机应用系统，是设计管理信息系统向更高一级发展而产生的先进信息管理系统。它为决策者提供分析问题、建立模型、模拟决策过程和方案的环境，调用各种项目的信息资源和分析工具，帮助设计指挥者提高决策水平和质量。

6.3.4 风险意识

前期设计策划的目的要将规避设计风险放在首位，特别是在社会经济发展转型过程中市场机制不完善的特殊时期，对于设计师来说，规避风险尤为重要，规避的风险就是成功之门的"金钥匙"，决定着设计项目运作成败的关键。对刚开始创业的设计团队来说，前期室内设计策划与项目的作用尤为重要，通过制订设计项目策划，将经验记录下来，再逐条推敲，会发现原本还在"雏形"的概念可以变得清晰可辨，也更利于设计师认识和把握项目要点。

1. 运行中的风险

风险是指不以人们意志为转移而导致经济损失的现象，具有客观存在性和不确定性两个主要特点。风险的客观存在性是指人们无论是否察觉，"风险"都可能发生。风险的不确定性是指风险发生的时间、地点、形式、规模以及损失程度等事先难以预料。通常所讲的室内设计程序中的风险，是指装饰工程项目在设计实施过程中，给将来的项目实施和项目运营带来的损失（如进度、质量、成本等方面）。因此，不仅要考虑设计中的风险，而且要考虑在装饰工程施工和运行中可能遇到的风险。设计管理中的风险管理就是运用各种手段，将上述风险消除或控制在可接受的范围之内。

在不同的设计阶段，由于目标设计、项目的技术设计和计划、环境调查的深度不同，设计师对风险的熟悉程度不同，经历一个由浅入深、由总体到细节、由宏观到微观，层层分解的过程。通常可以从以下几个角度进行分析。

（1）环境方面的风险。

1）政策风险。当地政府信用程度、政府领导的干预程度、经济发展的开放程度、政策及政策的相对稳定性等都会影响设计工作的开展。

2）法律风险。相关法律内容的变化会对项目产生干预，对相关法律未能全面、正确理解而导致装饰工程设计中出现触犯法律的行为等，如消防、水电因未按照法律要求执行或人为等因素，而给业主带来致命的危险，因此，设计师应时时提醒自己不要触犯法律。

3）基础条件。业主（发包人）一般应提供相应的地质资料和基础设备要求，若资料与现场出入较大，处理异常基础情况或遇到其他障碍，都会使设计与技术存在一定的风险。如为了抬高室内立面高度，业主执意要求现场下挖，但地下的各种隐藏设备电缆、排水管处理不当会造成不可预见的情况发生。

4）准备条件。由于业主提供的建筑施工图或现场存在问题，导致室内设计不能正常进行，带来不必要的人力、物力资源的浪费，需在双方约定上进行明确。

5）技术协调。室内设计过程中，出现与自身技术专业能力不相适应的配套工程技术问题，各专业间配合存在不能及时协调的困难，或由于业主（发包人）管理工程的技术水平不理想，对设计方提出需要解决的配合性技术问题没有做出及时答复从而造成设计工期的拖延，影响设计任务的正常进行。

6）由于业主提供变更或图纸供应不及时。因设计变更拖延影响施工现场安排，带来一系列问题；设计图纸供应不及时会导致施工进度延误，造成经济损失和隐患问题。

7）规范。尤其是技术规范以外的特殊工艺，如业主（发包人）在原建筑设计没有明确采用的标准、规范，在室内设计过程中，因没有及时进行协调而留下隐患。

（2）经济方面的风险。

1）招标文件。招标文件是设计招标的主要依据，特别是投标者须知，设计图纸、设计深度的要求、现场配合等条款以及设计费用等都存在着潜在的经济风险，必须仔细分析研究。

2）遵循设计市场价格。设计市场包括劳动力市场、设备市场等，这些市场价格的变化，特别是价格的上涨会直接影响着设计总承包价格。

3）国家政策的调整。国家对工资、税种和税率等进行宏观调控，会给设计团队带来一定风险。

4）产业结构的调整。投资紧缩或项目功能的改变会使设计项目中途停工或出现各种不良的后果。

（3）合同签订和履行方面的风险。

1）存在缺陷、显失公平的设计合同。合同条款设计任务不全面、不完善，文字不细致、不规范、不严密，致使合同存在漏洞。如在合同条款上存在不完善或没有转移风险的担保、索赔、保险等相应条款，存在单方面的约束性、过于苛刻的权利等不平衡条款。

2）业主（发包人）资信因素。发包人经济状况恶化导致履约能力差，无力支付设计费；业主信誉差、不诚信，不按合同约定支付设计费，使设计师不得已停止设计工作。

3）分包方面。选择分包配套设计不当或分配套包设计违约，不能按质、按量、按期完成分包设计任务，从而影响整个工程的进度，造成经济损失。

4）履约方面。在合同履行过程中，由于派驻工地的设计代表或工程师的工作效率低，不能及时解决遇到的问题，甚至出现错误，以至于造成损失等。

上述各类风险都是设计阶段发展运行中的风险，因此必须进行有效的风险防范。

2. 主体产生的风险

（1）人力资源风险。人力资源作为设计阶段的主要且唯一的资源，由于专业相对独立的特点，资源间不可以相互替代，因此人力资源在数量与质量上的满足对设计阶段的进度与质量有着很大的影响。人力资源的不确定性对设计阶段的影响要远远大于对其他阶段的影响，是设计阶段主体产生的风险之一。

（2）设计程序风险。一个设计程序要完全完成，一般需要经历若干步骤：获得设计信息、资料、数据、输入、设计、校对、审核、输出等。在施工图制作阶段，设计工序开展并随着方案的变更而修正，加大了设计进度管理的难度和风险。

（3）业主和投资者风险。包括业主的经济能力差、企业的经营状况恶化、企业倒闭、撤走资金或改变投资方向或改变项目目标；业主违约但又不赔偿，实施错误的行为和指令，非程序地干预。

（4）承包商（分包商、供给商）风险。包括技术能力和治理能力不足，没有适合的技术专家和项目经理，不能积极地履行合同，由于治理和技术方面的失误造成工程暂停，给设计方带来配合上的误工、误时的后果。

（5）项目治理者（如监理工程师）风险。包括项目治理者的治理能力、组织能力、工作热情和积极性、职业道德、公正性差；项目治理者的治理风格、文化素质差可能会导致不正确地执行设计合同，在装饰工程实施过程中苛刻刁难设计方、增加设计难度。

3. 风险识别

关于风险识别、应对风险、监控风险等需通过经验积累才能掌握技能。风险识别与防范，即风险识别与控制风险，使风险发生的概率和导致的经济损失降到最低程度，包括避免风险、消灭风险和减少风险三种。控制设计项目风险的主要措施如下：

（1）深入研究和全面分析招标文件。设计方取得招标文件后，应当深入研究和分析，正确理解招标文件，理清业主意图及要求；全面分析招标人须知，详细审查建筑及设备图纸，复核设计的工作量，分析合同文本，研究招标策略，以减少合同签订后的风险。

（2）熟悉和掌握装饰设计规范及施工工艺的有关法律法规。涉及设计阶段的法律法规是保护设计方及业主双方利益的法定根据，设计方只有熟悉和掌握这些法律法规，依据法律法规办事，才能增强用法律保护自身利益的意识，有效地依法控制设计运行中的风险。

（3）掌握要素市场价格动态。要素市场价格变动是经常遇到的风险，在设计报价时，必须及时掌握要素设计市场价格，使报价准确合理，必须随时掌握设计市场价格变化，及时按照设计合同约定调整合同价格，以减少风险。

（4）签订完善的设计合同。基于"利益原则"的设计团队应当综合分析、慎重决策，不能签订不利的、独立承担过多风险的设计合同。减少或避免风险是设计合同的重点。通过合同谈判对合同条款拾遗补缺，尽量完善，防止不必要的风险；通过合同谈判，使合同能体现双方责权利关系的平衡和公平，对不可避免的风险应有相应的策划和对策。使用合同示范文本（或称标准文本）是使设计合同趋于完善的有效途径。

（5）加强履约管理，分析设计合同的风险。在谈判和签订过程中，虽已提前发现风险，但合同中还会存在词语含糊、约定不具体、不全面、责任不明确甚至矛盾的条款。因此，任何设计合同履行过程都要加强合同管理，分析不可避免的风险。如果不能及时透彻地分析出风险，就不能对风险做好充分的准备，在合同履行中就很难有效控制。比如付款方式及支付进度款，设计的部分改动应严明标注。作为领导者所决策的内容是整个团队的利益与生存的选择。

4. 注意陷阱

陷阱一：变更设计内容以及业主所提供的设计内容。设计任务的变化会给设计方增加多余的工作量，造成人力、物力的损失，应在合同里注明业主方必须在设计分次交付的同时签订、签领，分两步程序，先有签证单、后有确认交接单，业主方变更委托设计项目。当规模、条件或因提交的资料错误或所提交资料做较大修改，以致造成设计返工时，双方除另行协商签订补充协议（或另订合同）重新明确有关条款外，应注明业主按设计方所耗工作量向设计方支付返工费。如业主方中途变更设计或要求增加设计内容，应以书面通知设计方并签订合约（为合同附件）。设计方对设计文件出现的遗漏或错误进行修改或补充，负责向施工方做设计交底，参与工程竣工验收并出具意见。

陷阱二：只限定乙方时间。在项目实施过程中，极个别的业主会一直追赶设计工期，但自身的时间约定却不遵守，此时设计方应多加注意。需要强调业主方在限定的时间内向设计方提交资料及文件，业主方提交上述资料及文件若超过期限天数则设计方可按本合同规定交付设计文件的时间顺延；对设计方完成的图纸进行签字接受。期限超过 2 天以上的，设计方有权重新确定提交设计文件的时间。在设计方分次交付设计文件后，业主方应尽快给予确认或提出修改意见，且合同上需注明设计确认的时间期限。可以约定超过下列期限后不给予回复则视为确认，设计方交付方案设计后 3 天，扩大初步设计 5 天，施工图设计 6 天，业主方审查设计文件的时间不计算在设计工期内。一般方案根据业主方要求绘制效果图。设计方各阶段性所修改的图纸可根据工作量大小而定，一般情况下，接到业主方通知后应在 3 日内修改完并交业主方确认。施工中现场与图纸不符需要修改图纸，设计方应根据实际情况与业主协商完成。

陷阱三：设计款项支付的不确定。业主方按规定支付预付款，需要强调收到预付款作为设计师开始工作的标志。未收到预付款，设计师应当注意掌控主动权，可以提出推迟设计开工时间，且交付设计文件时间可以顺延。业主方在设计认可后，应注明业主不得再以设计内容不满意为由拒付设计费，否则设计方可停止设计工作，时间超过限定时间，设计方可以终止合同，并向业主方要求索赔。

在设计过程中，不排除发生诸多意想不到的问题，设计师要学会用法律的武器自我保护。在签订合同时，咨询律师对合同项目进行把关，以防设计陷阱。在履行设计协议过程中，应本着公正、公平的原则为业主把好每一环节的质量关。如果发生纠纷，设计方应与业主方及时协商解决，协商不能达成一致时，双方同意应由仲裁部门协商解决，事后双方没有达成书面仲裁协议的，可向人民法院起诉，用法律的武器来维护自身的权利。

5. 风险与索赔

作为一名合格的室内设计师，可将规避风险通过索赔来实现。索赔是当事人在合同实施过程中，根据法律、合同规定及管理并非由于自己的过错而是属于应由合同对方承担责任的情况造成且实际发生了损失，向对方提出给予补偿的要求，它是转移风险的主要途径。对设计团队来说是一种保护正当权益，避免损失的手段。

（1）以设计合同为基础的索赔。

在设计合同履行过程中，由于发包人的过错，设计公司可以依据这些条款向发包人要求其支付违约金和赔偿金，这种要求即为索赔。

在实施合同履行过程中，业主（发包人）违反合同的现象屡屡发生，这种违反合同的现象可能是合同内因素，也可能是合同外因素；可能是业主发包人故意行为，也可能是客观原因不能履行设计合同或不能完全履行合同。只要因发包人的责任致使设计团队遭受到合同价款以外的损失或影响设计工期，设计团队就可以依法要求发包人采取补救措施，并有权要求赔偿经济损失，这种要求赔偿权就是依法索赔权。

在设计价格方面，应由设计方与业主本着公平、合理的原则，通过投标竞争，在双方签订的设计承包合同中做出规定。在设计施工中，如发生工程量变化、设计变更、设计增项等，设计方有权要求按有关规定调整预算。

（2）索赔的证据种类。

1）投标文件。投标文件是组成设计合同的重要部分，其内容包括承发包双方的约定和承诺，在索赔要求中可以直接作为证据。

2）会议纪要。在设计管理过程中，业主、设计方、监理方及有关针对设计项目召开的一切会议纪要；但纪要必须经过参与会议的各方签认，或由业主或其代理人签章发给设计方的信函，才具有法律效力。

3）双方的签证单。设计合同双方来往的签证单，特别是对设计团队提出问题的答复或确认等。

4）指令或通知。业主（发包人）驻工地代表或监理工程师发出的各种指令、通知，包括设计变更、设计增项等指令。

5）设计组织架构。该项是指包括设计进度计划在内的设计组织、设计安排、设计程序或实施方案。

6）施工现场的各种记录。如现场设计记录、隐蔽记录、检查人员日记或记录。

7）工程照片。即注明日期、可以直观反映工程进度的照片及工程竣工照片。

8）有关设计现场凭证。如设计签字、现场手稿、草图。

9）各种验收报告。如按照设计图纸实施的隐蔽工程验收报告、中间验收工程报告、材料实施报告，以及设备开箱验收报告等。

6.3.5 综合素质

设计公司在选择和培养人才时，综合能力是必要的。在社会经济快速发展的今天，越来越多的设计岗位需要的不再是单一化的人才，而是兼具专业技术能力与其他能力的全能型人才。设计师要善于对各种信息知识进行综合分析与考察，合理应用这些能力，做到与部门之间的互通和协调。在设计项目实施过程中，每个人对问题预测的能力是不同的，对问题预测性越强，可做的准备就越充分，将来发生问题的机会越少。把握业主情况，选择适合的施工方法、程序，可以使业主省力。树立正确的道德观念，也就能有更好的服务水准。设计是一个服务行业，有着职业道德标准，具有良好的职业道德标准是成为一个优秀设计师最基本的素质要求。

1. 个性与追求

设计师要不断地在工作中磨炼，形成自己独特的符合室内设计规律的风格与语言，逐步提升空间审美能力。有个性的设计师所设计、装饰的室内空间能够明显区别于他人的家居装饰效果，为业主提供"量身打造"的体验。

概念设计是项目的设计思路，是对人文与功能、科技与材料的综合考虑（图 6.7）。设计师对设计项目独特的认识和个性的解读是个人及其设计方案的优势所在。设计师要重视体现设计在满足功能的前提下，植入风格和特点，避免形成固定的风格，但可以形成固定的思路。设计师对室内空间环境细节的处理关系到整个室内空间设计的成败。越是简约的设计，细节越重要。同时，设计师要注意室内、室外空间角色的互换。

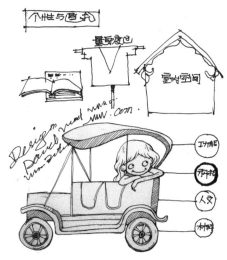

图 6.7　设计师需要不断提升
审美能力与鉴赏能力

2. 综合能力

装饰项目内容较为繁杂，设计师知识水平广度与深度是高水平设计师区别于一般室内设计师的关键。室内设计师除了专业知识和技能外，要不断地提升个人的审美能力与鉴赏能力，具备广博的知识和阅历，才能创造出可以打动客户的空间。

室内设计师需要具备的相关知识与技能包括：

(1) 与装饰专业有关的知识。如装饰结构、装饰材料、装饰施工、装饰设计、装饰预算等。

(2) 与建筑专业有关的知识。如建筑结构、建筑史、建筑材料、建筑施工、建筑制图、建筑表现、建筑预算、建筑安装等。

(3) 具备相关专业的基础知识。如装饰项目施工工艺及水、暖、电、消防、通信等相关专业的知识。

(4) 沟通能力。体现在两个方面：一方面能够通过沟通了解使用者的要求；另一方面能够通过将个人的室内设计作品展现给用户并获得认可。设计师要清晰、准确地表达自己的设计意图和思想，与业主达成共识。

3. 经验积累

项目定位、设计研究、设计流程、产品加工、材料选购、验收备案、市场研发等都需要经验的积累，在整个运营和工序的流程中，为实现通畅无阻，就必须设岗配员，配置管理人员，设计组织构架对于设计团队的整体发展尤为重要。组织构架分明、管理到位的设计团队才能称之为一个完整的设计团队。设计水平要专业化、正规化、市场化，体系完善，学习国际先进设计理念与操作模式，与外国机构合作，形成强大的设计规模与设计团队。设计团队不仅要丰富自身的经验，还需具备丰富而正确的理论指导作为支撑，才能够经得起岁月的磨炼。而团队以及中高层管理人员的理论学习是基础，通过在项目实践、市场历练以及管理中经验的积累，整合升华后形成理论与实践的综合储备。设计团队应具备经济管理和企业文化的架构组合、规划与设计、建筑与结构、开发流程与管理、人力资源配置与管理、融资与财务管理、政策法律与规范、策划与产品定位、进度计划与品质管理、营销与服务等知识。

第 7 单元
投标文本

在装饰项目投标文本中，首先是对招标文件提出的实质性要求和条件来编制，这里所指的实质性要求和条件一般是指招标文件中有关招标项目的价格、招标项目的计划、招标项目的技术规范方面的要求和条件，以及合同的主要条款（包括一般条款和特殊条款）。投标单位按照招标文件进行填报时，不能遗漏或回避招标文件中的问题，投标宗旨是在规范中体现实力与竞争。

投标文件一般包含三部分：商务部分、技术部分、价格部分。商务部分包括公司资质、公司情况介绍等一系列内容，以及招标文件要求提供的其他文件如公司的业绩和各种证件、报告等相关内容。技术部分包括工程的描述、设计和施工方案等技术方案，工程量清单、人员配置、图纸、表格等和技术相关的资料。价格部分包括投标报价说明、投标总价、主要材料价格表等。

7.1 设计要求

项目投标文本标准性是依据合同参数的准确性和设计规范两部分组成。

7.1.1 参数的准确性

设计依据是以业主方提供的文件及建筑图纸为准，现场施工图所有尺寸依据甲方提供（建筑设计单位）设计建筑图纸尺寸，如与现场不符，以现场为准。

1. 招标文件审查要点

（1）招标文件内容合法性、完整性、针对性，投标保证金、履约保证金是否合理并列入。

（2）招标范围是否明确，质量目标、工期及标段划分是否合理。

（3）对投标单位资质要求是否符合国家资质管理规定，是否存在排斥潜在投标人投标的问题。

（4）技术标准、技术参数是否合理，关键技术和工艺是否明确，有无针对性，深度能否满足要求。

（5）报名时间、投标文件的编制时间是否合理及符合国家有关规定。

（6）评标办法、评分标准是否合理、科学、具体，是否采取了合理的量化评分办法，附有评分表格；是否具有实施性，并符合国家和省市有关规定；是否有防止围标、串标有效措施；政府投融资项目是否设立了拦标上限价。

（7）废标条件是否合理、明确，是否有排斥潜在投标人的条款，并符合国家、省市有关规定。

（8）工程量清单编制深度和规范程度是否合理；主材的标准是否明确具体；是否将安全生产和文明施工等

措施费用单独列出，并明确不得做象征性报价及推荐使用固定费率报价。

（9）合同主要条款是否完整、合理，是否有治理黑白合同措施，是否符合招标文件有关要求及国家有关规定。

（10）项目管理班组人员是否齐全，对项目经理、技术负责人、质检员、安全员、档案员等主要人员是否提出具体要求；是否明确中标后不得更换项目经理和主要管理人员。

（11）是否已明确将投标单位承诺、项目经理和造价工程师承诺，劳保费、安全生产许可证、劳务分包合同及生产操作人员持证上岗情况列入投标文件规定内容。

（12）是否已明确将施工设备、办公设备、检测设备、新技术应用、合理化建议等作为重点列入招标内容。

资格预审评审专家原则上要求从评标专家库中随机抽取产生，一般为不少于 3 人以上单数，抽取的专家不少于评委总数的 2/3；资格预审评审要求在工程所在地建设工程交易市场进行，由建设行政主管部门依法监督，任何单位和个人不可以私自设定条件、抬高资质、排斥潜在投标人参与竞争。

2. 评审条件

评审条件包括：企业资质、安全生产相关要求；注册资本金要求；项目经理资质、资历、职称、学历要求；技术负责人资历、职称、学历要求；项目经理部人员配备要求；流动资金、固定资产、财务状况及资信要求；施工机具及设备、办公和检测设备要求；同类项目施工经验、完成工程量方面要求；施工项目业绩、现场管理水平的要求；质量、环保、卫生方面认证体系的要求；近几年内违法、违规及拖欠工资、克扣工程款、材料款等不良记录方面的要求；近几年内仲裁及法律诉讼方面的要求等；分包方面的要求；安全文明施工、环保方面的要求；工程担保要求；管理人员与生产操作人员持证上岗要求。

7.1.2　设计规范

规范是指工程作业或者对行为进行定性的信息规定。规范的一些条文受国民经济水平的发展和人民生活水平的影响，应与国家制定的新的城市建设标准相适应，修改不适用的条文并且补充新的内容。同时，应着重于立法的加强，增加监督和执行规范的措施，使得规范有了强制性法规的性质。规定设计中的底线要求扩充各个专业的内容，让其变为综合性的设计法规，并具有一定的技术管理内容，实施后必将进一步保证建筑质量，促进城市建设健康发展。

1. 建筑装饰设计的相关法规

（1）一类工程公共建筑，室内防火设计严格按《建筑内部装修设计防火规范》（GB 50222—2017）执行，工程同时严格按照《高层民用建筑设计防火规范》（GB 50045—1995）相关条款执行。

（2）工程所选用固定家私和装饰织物等严格按《建筑内部装修设计防火规范》（GB 50222—2017）要求达到相应的等级要求。

（3）《建筑结构荷载规范》（GB 50009—2012）。

（4）《建筑装饰装修工程质量验收标准》（GB 50210—2018）。

（5）《建筑内部装修设计防火规范》（GB 50222—2017）。

（6）《建筑设计资料集》。

（7）《建筑设计防火规范》（GB 50016—2014）。

住宅设计涉及建筑、结构、防火、热工、节能、隔声、采光、照明、给排水、暖通空调、电气等各种专业，各专业已有规范规定的内容，设计时除执行相关规范外，尚应符合国家现行的有关强制性标准的规定。

2. 住宅装饰设计的相关法规

(1)《建筑防火通用规范》(GB 55037—2022)。

(2)《城市居住规划设计标准》(GB 50180—2018)。

(3)《民用建筑设计统一标准》(GB 50352—2019)。

(4)《民用建筑隔声设计规范》(GB 50118—2010)。

(5)《建筑照明设计标准》(GB 50034—2013)。

(6)《民用建筑热工设计规范》(GB 50176—2016)。

(7)《严寒和寒冷地区居住建筑节能设计标准》(JGJ 26—2018)。

(8)《建筑给水排水设计标准》(GB 50015—2019)。

(9)《民用建筑供暖通风与空气调节设计规范》(GB 50736—2012)。

(10)《城镇燃气设计规范》(GB 50028—2006)(2020 年版本)。

(11)《建筑工程施工质量验收统一标准》(GB 50300—2013)。

(12)《屋面工程质量验收规范》(GB 50207—2012)。

(13)《建筑地面工程施工质量验收规范》(GB 50209—2010)。

(14)《建筑电气工程施工质量验收规范》(GB 50303—2015)。

(15)《砌体结构工程施工质量验收规范》(GB 50203—2011)。

(16)《建设工程项目管理规范》(GB/T 50326—2017)。

(17)《民用建筑工程室内环境污染控制标准》(GB 50325—2020)。

(18)《外墙饰面砖工程施工及验收规程》(JGJ 126—2015)。

7.2 设计深度

设计深度包括设计每个空间的材料界面、空间尺寸、固定家具、陈设配置、灯光控制、照明系数的分配和控制，以及隐蔽工程的管线设置、点位控制等问题。

1. 深化总则

(1) 为加强对装饰工程设计文件编制工作的管理，保证各阶段设计文件的质量和完整性，特制定深化总则。

(2) 深化总则适用于装饰工程设计；对于一般工业建筑（装饰部分）工程设计，设计文件编制深度除应满足本规定适用的要求外，尚应符合有关行业标准的规定，工业项目设计文件的编制应根据工程性质执行有关行业标准的规定。

(3) 装饰工程一般应分为方案设计、初步设计和施工图设计三个阶段；对于技术要求简单的民用建筑工程，经有关主管部门同意，并且合同中有不做初步设计的约定，可在方案设计审批后直接进入施工图设计。

(4) 各阶段设计文件编制深度应按以下原则进行：

1) 方案设计文件，应满足编制初步设计文件的需要；对于投标方案，设计文件深度应满足标书要求；若标书无明确要求，设计文件深度可参照深化总则的有关条款。

2) 初步设计文件，应满足编制施工图设计文件的需要。

3) 施工图设计文件，应满足设备材料采购、非标准设备制作和施工的需要。对于将项目分别发包给几个设计单位或实施设计分包的情况，设计文件相互关联处的深度应当满足各承包或分包单位设计的需要。

（5）在设计中正确选用国家、行业和地方建筑标准设计，并在设计文件的图纸目录或施工图设计说明中注明被应用图集的名称。重复利用其他工程的图纸时，应详细了解原图利用的条件和内容，并做必要的核算和修改，以满足新设计项目的需要。

（6）当设计合同对设计文件编制深度另有要求时，设计文件编制深度应同时满足本规定和设计合同的要求。

（7）深化总则对设计文件编制深度的要求具有通用性。对于具体的工程项目设计，执行深化总则时应根据项目的内容和设计范围对深化总则的条文进行合理的取舍。

（8）深化总则不作为各专业设计分工的依据，深化总则某一专业的某项设计内容可由其他专业承担设计，但设计文件的深度应符合深化总则要求。

2. 方案设计

（1）方案设计文件。

1）设计说明书，包括各专业设计说明以及投资估算等内容。

2）平面功能方案布置图。

3）设计委托或设计合同中规定的效果图设计、鸟瞰图、模型等。

（2）方案设计文件的编排顺序。

1）封面：写明项目名称、编制单位、编制年月。

2）扉页：写明编制单位法定代表人、技术总负责人、项目总负责人的姓名，并经上述人员签署或授权盖章。

3）设计文件目录。

4）设计说明书。

5）设计图纸。

（3）设计图纸。

1）建筑原始平面图。

2）平面墙体拆除砌筑图（建筑室内各角点的坐标或定位尺寸）。

3）装饰效果图设计（四面体及功能规划的各角度效果图）。

4）建筑出入口位置、层数与设计标高控制。

5）根据需要绘制下列反映方案特性的分析图，如功能分区、空间组合、交通分析（人流及客流的组织）。

3. 装饰施工图设计

（1）平面图内容。

1）建筑原始平面图，平面墙体拆除砌筑图，平面功能布置图，平面家具尺寸控制图，顶棚布置平面图，顶棚灯位尺寸控制图，地面铺装图，灯位布置图，强、弱电插座布置图，给排水点位控制图。

2）各主要使用功能区域的名称。

3）局部平面详图、大样。

4）各楼层平面功能、屋面标高。

5）平面动线分析图、平面功能分析图。

6）按比例放大平面和室内详图。

（2）立面图内容。

1）所有设计范围的立面。

2）各主要部位和最高点的标高的空间高度。

3）局部装饰结构、详图、大样。

4）图纸名称、比例或比例尺。

（3）剖面图内容。

1）剖面图应剖切在空间关系比较复杂的部位。

2）所有装饰结构、详图、大样。

3）剖面编号、比例或比例尺。

（4）效果图深化设计。

4. 初步设计

（1）初步设计文件。

1）设计说明书，包括设计总说明、各专业设计说明。

2）有关专业的设计图纸。

3）装饰工程概算书。

注：初步设计文件应包括主要设备或材料表，主要设备或材料表可附在说明书中，或附在设计图纸中，或单独成册。

（2）初步设计文件的编排顺序。

1）封面：写明项目名称、编制单位，编制年月。

2）扉页：写明编制单位法定代表人、技术总负责人、项目总负责人和各专业负责人的姓名，并经上述人员签署或授权盖章。

3）设计文件目录。

4）设计说明书。

5）设计图纸（可另单独成册）。

6）概算书（可另单独成册）。

注：（1）对于规模较大、设计文件较多的项目，设计说明书和设计图纸可按专业成册。

（2）单独成册的设计图纸应有图纸总封面和图纸目录。

（3）各专业负责人的姓名和签署也可在本专业设计说明的首页上标明。

7.3 文本编制

设计文本编制一般包括团队介绍和方案介绍。

1. 团队介绍

公司资质介绍、团队设计业绩介绍和经营范围、经营策略。在介绍团队时，首先要介绍团队的组织结构、项目设计新的思路的形成过程、设计管理程序、项目运用资金状况，以及团队的目标和发展战略；其次要交代团队现状、业绩和企业的经营特色。设计管理者的素质对团队的成绩往往起关键性的作用，因此，设计管理者应尽量突出优点并体现强烈的进取精神，给业主（投资者）留下一个好印象。此外，要组建一支有战斗力的管理队伍，设计团队的管理人员应该是互补型的，而且要具有团队精神。

2. 方案介绍

业主最关心的问题之一是项目的功能性和技术性、设计的构思和创意的跟踪服务，以及风险企业的设计项目服务是否可以帮助顾客增加收入并且节省开支，能否在更大程度上解决现实生活中的诸多问题。

（1）市场预测。

当设计团队要开发一种新的设计项目或向新的设计市场扩展时，首先要进行市场预测。市场预测首先要对设计项目需求进行预测：市场对此设计项目的需求程度、需求程度可以给团队带来的利益、项目的市场规模、需求发展的未来趋向及其状态、影响需求的因素。其次，市场预测还包括市场竞争的情况、设计团队所面对的竞争格局、市场中主要的竞争者、市场空当、本设计团队预计的市场占有率、本设计团队进入市场会引起竞争者的反应、这些反应对设计团队的影响等。

在项目计划书中，市场预测应包括以下内容：市场现状综述、竞争商家概览、目标顾客和目标市场、本设计项目的市场地位、市场区域和特征等。

（2）设计计划。

项目计划书中设计计划应包括以下内容：项目情况和现场现状，新材料、新工艺的应用，技术提升和设备更新的要求，质量控制和质量改进计划。

在设计方案的过程中，为了增大装饰工程项目在投资前的升值潜力，设计师应尽量使设计计划更加细致、周到。诸如保证项目的施工质量控制的方法、设备的引进和安装情况、设计的现场衔接等相关问题，以及设计与经营的联系、运营周期阶段性利润的制定和开业运行的情况、在投入运行过程中生意的稳定性和可靠性等。

在设计计划文本编制中，设计师还需要回答下列问题：

1）团队的行业资质、企业经营的性质和范围。

2）团队主要设计业绩。

3）团队的设计特点，设计重点项目。

4）团队的合伙人、业主（投资人）。

5）团队的业内竞争对手、竞争对手对团队的影响。

阐述摘要尽量简明、生动，特别要详细说明团队的不同之处以及团队获取成功的市场因素，让业主更好地了解团队的能力。

当前，现代科技使得设计演示的手法表现更为真实，设计师可以通过多媒体技术对室内设计方案进行汇报，并且能够与业主产生设计灵感的精神互动。通过这一过程，电子媒体协助对相应的数据进行检阅和分析，在决策的过程中对墙面展示进行有力的补充，并通过同步和虚拟的互通方式使汇报人和听众实时互动，在项目的组织阶段或项目办公后，每个小组之间可以对讨论的结果进行进一步的推敲。

7.4　汇报

7.4.1　文图对应

将汇报材料制作成一个网站并通知相关人员网址和材料的位置，以便实时浏览并上传意见和建议，或者在留言板上进行讨论。网页是动态信息的绝佳储存库，可以张贴调查问卷、收集信息，或者就业主提供的信息提出线索和意见，供决策者和最终使用者参考。

汇报方式具体如下：

(1) 将每一张图片或者页面的信息精简为一个创意。

(2) 文图对应及使用直观图形、表格辅助表达。

(3) 文字简单、明确、清晰。

(4) 在公开汇报前，先使用大屏幕对汇报材料进行预览。

(5) 注意颜色的选择，例如黑白照片会对报告的设计效果有影响，汇报前先打印相关文档，检查可读性。

(6) 注意电子传输的文件大小，图片和表格将使电子文件变得很大，传输的时间更长。

(7) 使用标准模板和连贯的标志符号。

7.4.2 亮点阐述

1. 超越自我

在汇报时，用新的思维创意理念及个性化的特色设计超越自我，只有这样才能超越竞争者而获得成功。具体体现在设计方面的功能定位、色彩、灯光、材质、造型和修养方面的品质、策划、经营、文化等，具有特色的创新和观念。

(1) 定位的准确性。

所谓定位应更多地依赖于信息的掌握，和对信息做出的相关预测，准确的设计定位要求设计者必须贴近业主的生活，深入研究业主的行为和潜在的心理需求，分析业主需求。此外，社会、经济、技术的观点必不可少。设计定位也是一切造型的依据，没有定位就无法确定设计的构成要素和风格。甚至可以说设计创意本身就是行之有效的造型方法，设计师可以从创意中发掘灵感。

(2) 设计品质与品位。

品质是设计师的智商、情商、逆商和知识、文化素养的体现，它不仅仅限于道德，还包括人的健康、能力、文化等因素，是经过设计经营显示出来的一种气氛，是透过感官及智慧去分析、归纳之后得到的一种感觉。在项目汇报时，品位的表现是多种形态的，就像不同的风格与质感都有人去喜爱追求一样，但重要的是要能得到超越形式表面所呈现的或感官所感受到的那个"言外之意"，这种表现必然可以带给人一种高雅的、智慧的、美感的、令人愉悦的感觉。

(3) 不同的文化属性。

不同空间、不同文化背景所呈现出的风格特点是不同的，在项目汇报时，其形式、色彩、空间组合上都要自身的特色。如老字号的文化场所必然有老字号的造型符号、传统色彩，时下流行的品牌店也必然有现代文化设计的内涵。

(4) 声、光、电特色。

在项目汇报时，需要运用多种技术手段阐述内容，包括多媒体技术的运用、光影效果、电子控制系统，这些技术在不同时间、不同空间发挥着不同的作用，现代的环境空间已完全摆脱了过去陈旧的室内设计样式，尽可能运用最先进的科学技术，来实现设计目标，如娱乐空间是通过 LED 电子科技展示现代人的生活轨迹。

(5) 光、透、亮特色。

当今的公共空间设计一改传统的封闭式设计而进入了大框架、敞开式设计模式。尽管是很小的空间也可以追求光、透、亮的效果。如在灯光的应用上不留死角，在项目汇报材料的选择上，处处离不开细节空间的处理，以衬托产品，将人的视觉带到宽广、通透、舒适的体验中去。

(6) 与室内其他环境因素相结合。

汇报时，引导业主的同时应注重企业形象的打造，要使环境因素尽可能将企业的文化理念展示出来，扩大企业内涵。如企业 VI 系统的引入等，就是与室内设计直接相关的重要组成部分。

2. 发现问题

在项目汇报过程中，要善于发现问题，这也是成功的关键。设计师对设计的理解与表述不够深入，这也恰恰是问题的关键。作为有基本素质的设计师，应当对项目有足够的敏感度、认知度。有时设计师不知道用什么语言来作为表达的要素，仅是凭感觉而已，觉得形式美就可以，却忽略了形式是为功能服务的，功能与形式是不可分解的。再好的形式如果不能准确地表达功能，那也是失败的设计。例如业主要建办公楼，而却设计成像酒店一样就是失败的。对于业主来说，需要高雅、肃静的办公场所，而不需要奢华、贵气之地。因此，设计师对功能性的把握应放在第一位，理解设计 "度" 的把握。拼图方式的设计或是不认真经过大脑思考的设计，永远不是好的设计。一个好的设计，应该是从空间环境中生长出来的。在接到设计任务时，设计构思作为一种形象思维，从初稿到定位稿，整个思维过程都离不开空间的想象。如何在整理各种要素的基础上选准重点，突出主题，这是设计构思的重要原则。

7.4.3　汇报大纲

汇报的目的性是谈判的关键，是一个项目的运作成功与否的实质。汇报的结构层面体现项目的功能、形式、经济指标、时间节点，通过预测数据来汇总。同时，对项目的周围环境进行分析，涉及区域文脉与城市记忆，具体的设计区域以项目面积、比例分摊、气候分析、成本参数基本数据等为依据，通过功能分区、功能动线、空间形态、服务距离、动线流量来进行实质性操作。设计的组织结构与功能需求关系是由空间的前场与后场需求来实施的，实施中涵盖预算评估分析、项目进度安排等内容。

装饰工程项目的汇报提纲需要概述项目工程的区域位置、工程建筑用地面积、结构开发形式、技术和投资问题等。在技术方面要对设计、施工、运营等方面的技术条件做详细阐述，相关的附件有验收材料和检测报告，以及企业资质和用户意见。

第 8 单元
设计方法

8.1 设计思维

  装饰工程设计是设计师针对装饰工程项目所产生的诸多感性思维进行归纳与精炼所产生的思维总结，其内容包括设计师对将要进行设计的方案做出的周密调查与策划，分析出客户的具体要求及方案意图，整个方案的目的意图、地域特征、文化内涵等，以及设计师由此通过各自独有的思维素质产生的一系列设计想法，并在诸多想法与构思的基础上提炼出来最为准确的设计概念。思维方式决定行为模式，设计的最终结果是对设计师复杂的设计思维活动最直接的反映。决定设计结果有所差异的根本原因在于设计师的思维方式与表达手段的不同，对事物的理解是按照个人的观点来组织与实施的。对于装饰工程设计而言，最本质性的问题是设计思维方式的更换、改变、加工、组织，以形成最佳的创造性设计方案。

8.1.1 思维结构

  对于创造性设计思维而言，创新是其本质要求，设计与创新密不可分，可以说创意性设计思维是设计的本源。在装饰工程设计过程中，不只是结果，更是一种过程，是一种特定的动态的思维过程，通过建立的设计概念、判断、推理的功能与形式及其相互联结、转换和互动的表现形式，使得设计过程充满了个性与创造力。设计是一项十分复杂的社会行为，设计师要有清醒的认识和理解。思维结构是驾驭在事物关联的能力之上的，在一般人的眼中，每件事都是独立的、琐细的，而对于有创意能力的设计师来说，则是知识链上的某一环。

8.1.2 思维形式

  思维是人类认识世界、改造世界，进而创造物质文明和精神文明的源泉，存在于人们的一切活动之中，并通过其行为表现出来。由于装饰工程项目性质的不同，设计思维产生、出现的条件的差异性，使得设计思维在表现形式上有所不同，这些不同的思维形式表现出独自的空间形态（图 8.1）。一般而言，思维形式包括价值观、思维过程、推论三大部分。

  1. 叙述思维

  设计师的叙述思维是以讲故事的方式来陈述设计作品，其中包含了设计师的个人价值观在透过讲故事的形式对使用者进行软性说服，将设计作品的隐喻效果增加。

2. 感性思维

感性思维以增加设计作品的感染力为主要诉求点，因为一件设计作品若是能够引起使用者的认同，即是成功的设计作品。

3. 说服思维

当业主对于设计作品仍然存有怀疑时，设计师必须要通过设计手法赋予作品感染力，进而产生说服力。

4. 创新思维

设计的构思如果能够把握创新的原则，就可以让使用者耳目一新，拥有创新思维的设计才是设计师所追求的目标。

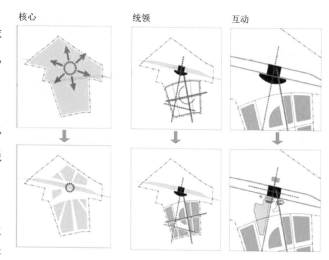

图 8.1　思维形式表现出空间的差异性

8.1.3　思维特征

1. 原创

新的设计理念和设计思想及在这种新理念和新思想指引下所产生的设计，是设计师通过适当的符号、空间的载体来实现的。在首次出现时，往往打上了创造者的烙印，这就是原创性的特点。原创性要求设计师敢于对司空见惯或"完美无缺"的事物提出怀疑，敢于向传统的陈规旧习挑战，敢于否定思想上的"框框"，从新的角度分析问题、认识问题。

装饰工程设计的原创性思维过程所要解决的问题是不能用常规、传统的方式来解决的，需要重新审视和组织，产生独特、新颖的"亮点"。"原"强调原始、从前没有的性质，"创"则显现时间上的初始、新的记录。对于设计原创性的描述应该是"新的使用方法""新的材料运用""新的空间结构""新的价值观念"等，这就要求设计师在空间功能设计时，把更多的精力投入到"适用"的环节。在"新材料的研发"环节、"新结构的实验"环节以及"新观念的表达"环节中，寻找空间设计的依据（图 8.2、图 8.3），从而避免抄袭、拼贴等不良现象的出现，用这种解决问题的方法和思路来思考设计中存在的问题，有利于设计师创造性思维的开发。

图 8.2　整个空间体现出新材料的运用

图 8.3　以新观念为设计灵感的设计

2. 多向

创造性思维是一种联动的设计思维，它引导人们由已知探索未知，开拓思路。联动的设计思维表现为纵向、横向和逆向联动地考虑问题。纵向联动是针对某一现象或问题进行纵深思考，探询本质得到新的启发。横向联动是通过设计联想到特点与其相似或相关的事物，从而得到新的设计应用。逆向联动是针对设计对象、设计问题分析其相反的方面，从顺推到逆推，从另一角度探索新的设计途径，使设计向多个方向发展，以寻求新的思路。可以从一点向多个方向扩散，也可以从不同角度进行思考。

3. 想象

设计师要善于想象，善于结合以往的知识和经验在头脑里形成新的形象，善于把观念的东西形象化。爱因斯坦有一句名言："想象力比知识更重要，因为知识是有限的，而想象力概括着世界上的一切，推动着进步，并且是知识进化的源泉。"只有善于想象，才有可能跳出现有事实的圈子，才有可能创新。

4. 突变

突变是在设计创造中出现的一种突如其来的领悟或理解。它往往表现为思维逻辑的中断，出现思想的飞跃，突然闪现出一种新设想、新观念，思考突破原有的框架，从而使设计问题得以解决。

8.2　设计灵感

灵感是在思维过程中，在特殊精神状态下突然产生的一种领悟式的飞跃。在装饰工程设计中，灵感是设计师高度兴奋的一种特殊的心理状态和思维形式，它是在一定的抽象思维或形象思维的基础上突如其来地所产生出的空间新概念或新形象的顿悟式思维。灵感的萌发是主观与客观相互作用的结果，是对客观事物本质的洞察，是对生活原型的本质洞察后塑造出来的，任何科学发展都是根据这一规律产生的。灵感是通过知识、经验、追求、思索与智慧的综合而提升，要想获得创造灵感，就要积累丰富的知识结构及工作经验，有一双善于发现的眼睛和灵敏的观察力，不断培养创造性思维能力。获得的成功与不断创造灵感有很大的联系，设计灵感的来源包括点化、遐想、超常、亢奋等方面。

8.2.1　灵感类型

1. 点化

点化是在平日阅读或交谈中，偶然得到他人思想启示而出现的灵感。设计师与业主广泛交流，通过对问题的研究，巧妙的设想会意外地到来。

2. 遐想

设计灵感的触发可能就是在一夜酣睡之后的早上，或是当天气晴朗缓步攀登树木葱茏的小山之时，这些思维活动称之为无意识遐想，是在紧张工作之余，大脑处于无意识的休闲情况下产生的。

8.2.2　灵感特征

1. 遐想

遐想即不期而至，偶然突发。从灵感产生的情形来看，它不期而来，偶然突发。灵感在什么时候、什么地方、什么条件下产生，是设计师不能预料和控制的。它可能是在看过千百遍的自然中的某一次被触发，可能在清醒的艰苦的设计构思中突然来临，甚至也可能在梦幻状态的潜意识中闪现，而且一旦被触发或突然来临，文思如潮，左右逢源，妙笔生辉，产生出似乎连自己也意想不到的结果。

2．突发

别林斯基曾说"一个灵感不会在一个人身上发生两次，而同一个灵感更不会在两个人身上同时发生"。设计师无法准确预料灵感何时、何地、何种条件下发生，也很难控制灵感发生时的情感和理智，而是不由自主地被灵感牵引着。灵感发生时，通常是设计师创作精神状态最集中、最紧张的时候，甚至会出现物我两忘的状态，这是设计方案灵感到来的标志。

3．超常

从灵感出现后的精神状态来看，它具有亢奋专注、迷狂紧张的特点，甚至达到入迷而忘我的境地，以至有人把它看作是一种"疯狂"或"迷狂"。所谓超常，是指灵感既不是常规思维所能控纵自如的，也不同于常规思维的一般逻辑进程和普通效能，而是"异军突起"，效能特异。设计师在构思方案时废寝忘食，聚精会神于空间环境形态的创造，暂时撇开了周围环境中的一切，以至完全"忘我"。

图 8.4　灵感营造独特的空间视觉

4．独特

从灵感的功能来看，超常具有超常独特、富于创造的特点。所谓独特，是指灵感状态有着特殊发现和表现的功能，它的出现是不可预测、独特的造型营造出的一种超常规的视觉（图 8.4）。

8.2.3　灵感引发

设计师更需要充分体验生活，用心生活，用心设计，了解不同的生活方式。从生活的体验、对自然的热爱方面，吸收资源，到不同的地方考察或旅游，透过游历观赏不同地方的设计和艺术，启发对生活的感悟。

设计灵感的引发需要摆脱习惯性思维的束缚，通常人们常以固有的习惯性思维模式来对某些事物做出判断，思维方式的不同决定了对事物认识表现上的差异。在设计构思中，我们常常能够体会到由思想变化所产生的不同创意行为的艺术形态显示在生活和设计创意中。我们一般不太容易感受到习惯性思维对创意的影响，往往固执起见，从个人习惯思维出发，按照个人特定的生活环境、生活阅历、生活习惯和生活经验等因素所形成的思维特点对新事物及设计形态进行判断。习惯性思维将历史上已经盖棺定论了的结论看成是设计创意的基本规律，从不反思艺术表现精神的本质含义，因遵循规范化的表现过程，逐渐形成个人对某种设计认识上的习惯性思维过程。如果不能以发展变化的观点来看待设计表达，那么在设计表现上就会循规蹈矩，无法施展和释放出个人在表现上的创造能力。按固有的思路去考虑问题，常常会思维迟钝，阻碍寻找新概念的答案，有人称这种习惯性思维是将自己解决问题思路的大门关闭。在这种状态下，设计师应该打破常规，换位思考可能就会产生许多新的思路，找到很多解决问题的办法。

1．观察分析

在设计过程中，自始至终都离不开观察分析。观察不是一般的观看，而是有目的、有计划、有步骤、有选择地去观看和考察所要了解的问题。通过深入观察，可以从平常的工作中发现不平常的东西，从表面上貌似无关的事物中发现相似点。只有在观察事物的基础上进行分析，才能引发设计灵感，形成创造性的设计方案。

2. 启发联想

新认识是在已有认识的基础上发展起来的。旧与新或已知与未知的设计构思连接是产生新理念的关键。因此，创新需要联想，以便从联想中受到启发，引发灵感，形成创造性的设计。

3. 实践激发

实践是创意的阵地，是灵感产生的源泉。在设计实践中，既包括实践的激发又包括对过去实践体会的升华。各项科技成果的获得都离不开实践的推动。在实践活动中，迫切解决问题的需要就促使人们积极地思考问题，废寝忘食地钻研探索。因此，在装饰工程设计实践中不断思考问题，提出问题，解决问题是引发设计灵感的一种好方法。

4. 激情冲动

激情能够调动全身心的巨大潜力去创造性地解决问题。在激情冲动的情况下，可以增强注意力，丰富想象力，提高记忆力，加深理解力，从而使人产生出一般强烈的、不可遏止的创造冲动，并且表现为自动按照客观事物的规律行事，是建立在准备阶段里经过反复探索的基础之上的，也就是说激情冲动也可以引发灵感。奥地利著名作曲家约翰·施特劳斯正在餐馆吃饭，忽然一段音乐灵感袭来，由于一时找不到纸，便在自己的衬衣袖子上写起来。灵感的催动使他似有神助，在衬衣上写下了一首后来流传世界的名曲《蓝色多瑙河》。

5. 判断推理

判断与推理有着密切的联系，这种联系表现为推理由判断组成，而判断的形成又依赖于推理，推理是从现有判断中获得新判断的过程。因此，在装饰工程设计过程中，对于新发现或新产生的灵感的判断，也是引发新的思维创意形成创造性认识的过程（图8.5）。

上述方法是相互联系、相互影响的。在引发灵感的过程中，不是只用一种方法，有时是以一种方法为主，其他方法交叉运用。

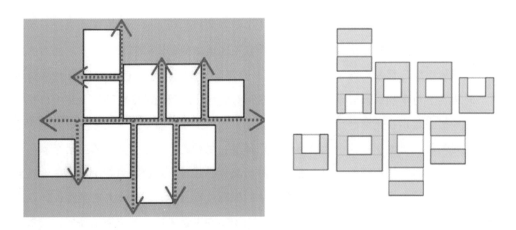

图 8.5 思维创意形成认识的过程

8.2.4 感悟自然

1. 拟形

拟形的设计方法是通过模拟自然界中的物象或自然形态来寄寓、暗示或折射某种思想感情，这种情感的形成需要通过联想、借物的手法达到再现自然的目的，而模拟的造型特征也会引起人们美好的回忆与联想，从而丰富空间的艺术特色与思想寓意。

在某种意义上讲，空间应是具有某种文化内涵的载体，承载着精神的寄托，而不仅仅具备使用功能的作用。空间在不影响人们正常使用原则的前提下，运用拟形的手法，借助生活中常见的某种形体、形象或仿照生物的某些特征进行创造性构思，设计出神似某种形体或符合某种生物学原理与特征的空间（图8.6）。拟形可以给设计师多方面的提示与启发，使空间造型具有独特的生动形象和鲜明的个性特征，让人们在观赏和使用中产生对某事物的联想，体现出一定的情感与趣味。

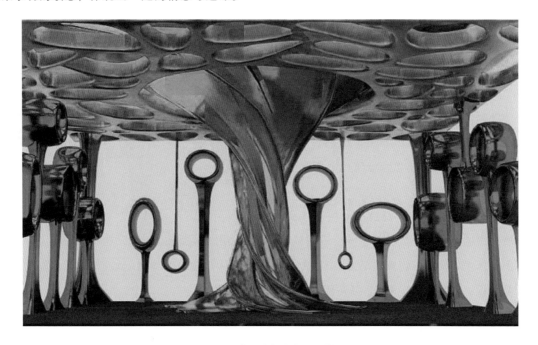

图 8.6 仿生水气泡的空间形态

2. 仿生

仿生设计方法是从仿生形态再现的程度和特征，可分为具象的仿生和抽象的仿生。具象的仿生是真实地把仿造对象的形体和组织结构再现出来，把自然蕴涵的规律作为人造的生活和工作环境的基础。如崔悦君设计的位于加利福尼亚州伯克利的"太阳之眼"崔氏住宅，结构形态具有很强的自然性和亲和性，让人感受到来自于自然的智慧和神秘。抽象仿生是用简单的结构形态特征反映事物内在的本质，此形态作用于人时会产生"心理形态"，通过人的联想把虚幻的、不清晰的事物表现出来，以简洁的曲线、曲面形式显现有机形态的魅力，表现出富有简约特征的空间形态。

8.2.5 空间联想

在室内设计中，情感与个性的表达是通过空间印象与环境气氛来体现的。首先，需要空间内在与外在环境的一种平衡对应关系；其次，要设计满足个人喜好与生活机能需要的空间，以给人一种质朴亲切的归属感。

1. 空间的意境

环境的意境是室内环境精神功能的最高层次，也是对于形象设计的最高要求，这种境界就是环境具有特定的氛围或具有深刻的意境。

2. 空间的印象

空间环境的感受是一种印象，但氛围则更加个性，能够在一定程度上体现环境与环境特点。通常所说的轻松活泼、庄严肃穆、安静亲切、欢快热烈、朴实无华、富丽堂皇、古朴典雅、新潮时尚等就是关于氛围的表述。

环境气氛是由其用途和性质决定的。在空间氛围中，还与人的职业、年龄、性别、文化程度、审美情趣等密切相关。

从概念上说，装饰空间环境气氛是易于决定的，如接见室、会客室应亲切、平和，宴会厅应热烈、欢快，会议厅应典雅、庄重等。但实际上，由于室内环境的类型相当复杂，即便是同一大类的建筑，当规模、使用对象不同时，体现的氛围也可能是完全不同的。如同为会堂，国家会堂与一般科技会堂不可同样看待；同为餐厅，总统套房的餐厅与一般用于婚、寿、节庆的宴会厅的氛围也不相同。对此，设计者必须本着具体情况具体分析的精神加以判断和处理。意境比氛围更有深度，也更具指向性。其中之"意"，可以理解为"意图""意愿"或"意志"等，类似文章的主题思想，是设计者想要表达的思想情感。其中之"境"，可以理解为"场景"或"景物"，是用来传达设计者思想情感的"形象"（图 8.7）。

图 8.7　自然疏密有致的仿生景物

情感和形象是任何艺术门类都应具备的基本要素，有情感而没有合适的形象构不成艺术，不能表达情感的形象同样算不上艺术，设计要使室内环境具有深刻的意境。从设计角度说，就要"意在笔先""先意后象"，在立意之后，寻找最合适的形象表达立意，即托物寄情；从欣赏角度说，就是欣赏者能够从感知的形象中受到启发、感染、陶冶甚至震撼，引起思想情感上的共鸣，即触景生情。

空间气氛美学是在引入哲学、心理学、建筑学、语言学等学科知识的基础上，运用相关学科类比的横断探究方法对环境气氛的比例和尺度概念、相互关系以及和空间整体的关系进行讨论和分析。

3. 空间表象的联想与加工

设计思维最主要表现为对环境的联想过程，可以说联想是人的头脑里对已储存的表象进行加工改造形成新形象的心理过程。在知觉的基础上，经过新的配合而创造出新形象的心理过程。它是人类特有的对客观世界的一种反映形式，是一种特殊的思维形式。联想与思维有着密切的联系，二者均属于高级的认知过程，产生于问题的情景，由个体的需要推动，并均能预见未来。它能突破时间和空间的束缚，达到"思接千载""神通万里"的境域。根据想象的创造性程度的不同，又可分为再造想象和创造想象。再造想象是指主体在经验记忆的基础上，在头脑中再现客观事物的表象；创造想象则不仅仅是再现已有事物，而是创造出全新的事物形象（图 8.8）。

图 8.8　空间联想与加工

托夫勒说："谁占领了创意的制高点谁就能控制全球！"设计思维是表达的源泉，而设计表达是设计思维得以显现的通道，可以说没有"设计思维"，设计表达也就成了"无源之水""无根之木"。

联想是人与生俱来的天赋，但作为创意能力，最重要的是后天不断地学习、发展和提高。调动联想的潜力，更好地在创意活动中发挥作用，可以运用以下方法（表8.1）。

表 8.1　　　　　　　　　　　　联 想 的 方 法 与 特 点

方　　法	特　　　点	重　　要　　性
储存信息	在大脑中不断地、全方位地、高质量的储存知识和经验等信息，这是联想的源泉和基础	全方位信息存储，是发展高速质量联想的首要条件。从多角度、多途径、多层次综合存储信息，通过知识和经验结合存储、逻辑和形象互补存储、多学科跨学科兼收并容，为高质量的联想打好基础
联想	打破常规、超域界、超时空的大胆联想	要获得最优的联想成果，首先要放开胆量，发散思维，不受外界条件而束缚自己的联想思维

以瑜舍酒店设计案例为例，设计师运用联想的方法，将中国传统"五行"理念运用在酒店设计的创意之中。客人首先进入的是"鸡蛋电梯"，寓意生命之初，代表"土"；从电梯间出来，向左通向地中海餐厅，设有火炉，可为客人提供各种特色的烘焙食物，代表"火"；北亚餐厅设置了巨型镜子，让客人观赏精彩烹调过程，代表"木"；越过多扇青铜大门及水道后，则会到达五个内设私人贵宾厅的"匣子"，诱惑且具有神秘感，饰以淙淙流水，保证客人的完全隐私，代表"水"；酒吧却恰恰相反，是当中唯一的透明匣子，四周围绕着粗糙破损的金属幕帘，极具摇滚风格，而其中的木制桌椅、洁净平滑的水泥吧台，圆

图 8.9　空间联想

滑见方的凳子，配以华丽吊灯，为酒吧塑造极尽奢华与狂野摇滚兼容的风格，代表"金"。

所以，要想有好的创意就离不开联想，只有不断地提高联想能力、丰富大脑中的储存信息，才能创造出更高质量的创意作品（图8.9）。

8.3　设计创意

创意的方式千变万化，面对几百种创意技法，如何形成系统化、条理化的创意技法分类系统是一个很大的难题。原因有三点：第一，绝大多数技法都是研究者根据其实践经验和研究总结出来的，缺乏统一的理论指导；第二，各种技法之间并不存在线性递进的逻辑关系，较难形成统一的体系；第三，创意思维是一种高度复杂的心理活动，规律还未得到充分深刻的揭示，难免出现各执一端的状况。这样，各种技法在内容上彼此交叉重叠，既相互依赖，又自成一统。可以说，创意没有固定的模式，也没有标准的答案。下面，下文根据室内设计的特性，对室内空间的创意思维概念加以整理与诠释。

8.3.1　智慧与激励

在装饰工程项目前期方案运作过程中，要强调激励团队的智慧与力量，着重团队的互相激发的思考办法，激发团队每位设计师的潜能，在内部进行互动式方案构思与快题设计，充分发挥每个人的智慧与能量，该方法又称为头脑风暴法。在群体决策中，由于群体成员心理的相互作用影响，易屈从于权威或大多数人意见，形成

所谓的群体思维。群体思维削弱了群体的批判精神和创造力，损害了决策的质量。为了保证群体决策的创造性，提高决策质量，在管理上发展了一系列改善群体决策的方法，头脑风暴法是较为典型的一种。头脑风暴法可分为直接头脑风暴法和质疑头脑风暴法。前者是专家群体决策尽可能激发创造性，产生尽可能多的设想，后者则是对前者提出的设想、方案逐一质疑，分析其现实可行性的方法。采用头脑风暴法组织群体决策时，要集中有关专家召开专题会议，主持者以明确的方式向所有参与者阐明问题，说明会议的规则，尽力创造融洽轻松的会议气氛。主持者一般不发表意见，以免影响会议的自由气氛，由专家们"自由"提出尽可能多的方案。

1. 智慧与激励创意的三个特征

(1) 人人都有创造性的设计能力，集体的智慧高于个人的智慧。

(2) 创造性思维需要被引发，多人相互激励可以活化思维，产生出更多的新颖性设计构思。

(3) 摆脱思想束缚，充分保持头脑自由，有助于新奇想法的出现，过早的判断有可能扼杀新设想。

2. 智慧与激励创意的三种方式

(1) 普遍采用的一种设计方法，在指定时间内，由方案设计师独立完成设计方案，以手绘草图的形式构想出大量的构思方案，通过例会的形式进行方案解说，经过集体讨论，并从中提出其他的设计构想，反复多次论证，最终确定方案。

(2) 召集四名设计师参加会议，在限定时间内每人针对设计方案以手绘的形式做出三种设计方案，然后将设计方案相互交换，在限定时间内每人根据别人的启发，在他人方案设计基础上再做出三种设计方案，如此循环下去。这种方法采用设计相互交流的方式以完善设计方案。

(3) 强调多学科的集体智慧思考的方法，通过扩大知识来源和范围达到最终的设计目标，运作过程中既要保证大多数人是室内设计领域的专业人，也要吸收一些知识面宽阔的外行人参加，其中包括相关的景观设计师、建筑师、文学家、画家、音乐家、物理学家、旅游爱好者等，站在不同的角度展开设计思维联想，智慧与激励创意三种方式的规则：

1) 在方案解说过程中，不要暗示某个设计构思正面作用或消极作用，所有的想法都有潜力成为好的观点，所以要到后面才能评判其合理性。设计观点的提出应该作为一种初步方案，表面上不合理的构思甚至可能引起合理的想法，所以要到设计会审过程之后才能评判这些观点，记录下所有的观点，这里没有正确与错误之分。

2) 狂热、夸张的设计构思往往比中规中矩、立即生效的观点要容易产生。陈述任何怪异的想法，把观点夸张到极限，更易于激发新观点。

3) 供选择的设计方案越有创造性越好。如果会议结束时有大量的想法，就更有可能产生一个非常好的方案。

4) 建立在其他人的设计观点之上并进行设计思路扩展。试着把另外的想法加入到每个观点之中，使用其他人的设计观点来激发自己的观点。有创造力的设计师也是好的听众，结合一些提出的观点来探索设计新的可能性，采纳和改进他人的想法，并生成一系列的设计理念一样有价值。

3. 智慧与激励创意的过程

(1) 选择合适的会议主持人。参加会议的人员一般以5～10人为宜，人员的构成要合理。

(2) 确定研究设计任务目标方向，确定会议讨论的设计方案主题。

(3) 明确会议规则。这是同一般的集体讨论会最明显的区别，与会者要遵循以下规则：优雅清新的环境、自由奔放原则、禁止评判原则、追求数量原则、借题发挥原则。

(4) 启发思维，进行发散，畅谈设想。充分运用自己的想象力和创造性思维能力，畅谈各种新颖奇特的想法，会议一般不超过 1 小时。

(5) 整理和评价。会后由设计主持人、设计总监或秘书对设想进行整理，组织评价人员（一般 3～5 人为宜），也可由设计方案设想的提出者组成，但其中应包括对项目跟踪的设计人员。根据事前明确的方案进行评价筛选。评价指标包括两部分：一是专业，技术上的"内在"指标，主要是衡量在专业上是否有根据，在技术上是否先进和可行；二是实施的可操作性，客户群的"外在"指标，主要是衡量实现的现实性以及是否能满足用户或开发商的需求。

8.3.2 推理与创新

1. 提问

用提问的方式来打破传统思维的束缚，扩展设计思路，提升设计师的创新性设计能力的一种方法。以创造新理念作为前提，开启设计师智慧的闸门，引发思考和想象，激发创造冲动，扩展创造思路。

(1) 提问的具体内容：

1) 为什么要针对此项目做设计？为什么采用这种结构？明确目的、任务、性质……

2) 此项目的功能属性？有哪些方法可用于这种设计？已知的方法有哪些？哪些方面需要创新……

3) 此项目的用户及开发商是谁？业主诚信度、资金情况？谁来完成设计……

4) 什么时间能完成此项设计？最后期限是什么时间？各设计阶段何时开始？何时结束？何时鉴定……

5) 该设计用在什么地方？什么行业？什么部门？在何地投产……

6) 怎样设计？结构如何？材料如何？颜色如何？形状如何……

(2) 提问的特点。

如此逐一提问并层层分解，设计要具有目的性、针对性，就像医生对病人要对症下药，才能做到药到病除，达到最终目的，使设计工作进入实质性操作阶段。同时，可以按照逆向思维提问，即始终从反面去思考问题，反向理解设计项目，例如柱头为什么不能倒放、椅子为什么不能两面坐或悬空等。

2. 列举

任何设计师的方案设计都不可能是尽善尽美的，往往存在缺点。要克服设计的不足，就要通过列举大师作品或成功的设计案例提升设计的品质、确定设计的价值。抓住设计的准确性，就意味着抓住设计目标的本质。

随着科技的不断发展，新理念、新材料不断更新，人们对居住环境的需求也在不断变化和提高。

(1) 列举的具体方法：特性列举法、缺点列举法、希望列举法等。有针对性、系统地提出问题，会使设计项目的信息更充分、更完善。

(2) 列举的特性。

1) 名词特性。如材料：水泥、钢材、叶子、玻璃、水等。

2) 形容词特性。如颜色：白、黑、红、墨绿、紫红……又如结构、空间形状。

3) 功能特性。现代、意识、自然、表演、装置艺术等。

3. 类比

通过两个（类）设计对象之间某些相同或相似性来解决设计项目的问题，其关键是寻找恰当的类比对象，这里需要直觉、想象、灵感、潜意识等创意灵感。

(1) 类比系列的方法。

以两个不同的设计项目类比，作为主导的创意方法系列。

(2) 类比系列的特点。

以大量的联想为基础，针对设计项目以不同事物之间的相同或类似点为纽带，充分调动想象、直觉、灵感能力，巧妙地借助其他事物找出创意的突破口。与联想法比较，类比法更具体，是更高一个层次的方法。

4. 组合

将两个以上的设计元素或设计取向点进行组合，获得统一整体的设计，在功能、形态上形成统一的契合点进行组合。适用于设计过程的方案阶段，通过寻求问题、论证问题、产生设计联想，达成共识来解决设计问题。

5. 逆向

"左思右想""旁敲侧击"是侧向思维的形式之一。在设计过程中，如果只沿着一个思路，常常找不到最佳的感觉，这时可让思维左右发散或作逆向推理，有时能获得意外的收获。逆向思维也可称为"异想天开"，最能体现设计创意新的"亮点"。改变对设计本身固有模式的看法，对设计创意和材料的使用，本着"不惜任何表达手法，把原创放在第一"的原则。在确定设计主题的前提下，满足使用功能及空间美感需求，运用材料的肌理与材质对比、空间色彩的美、光，达到整体和谐韵律的美感。在此也可借用艺术图案打散构成的设计原理，将模式化的设计元素进行重新分解，注入新的设计理念、元素、符号，引入新的价值观、审美观，通过重组形成新的设计形式。后现代、新古典主义、新中式风格是比较有代表性的设计。

6. 立体

设计思维的广度指善于立体地、全面地看待问题。在设计过程中，对问题进行多角度、多途径、多层次、跨学科的全方位研究，称之为"立体思维"。立体思维的方法包括求同法、求异法、同异并用法、共变法、剩余法、完全归纳法、简单枚举归纳法、科学归纳法和分析综合法等。这些方法让人学会观察问题的各个层面，分析设计的各个细节，在综合考虑的基础上突破常规、超越时空、大胆设想，抓住设计重点，形成新的创意思路。

设计的广度表现在取材、创意、造型、组合等各方面的广泛性上。思维的深度指考虑问题时要深入客观事物的内部，抓住问题的关键、核心，即对设计的本质部分进行由远及近、由表及里、层层递进、步步深入的思考，又称为"层层剥笋"法，设计作品中的效果表现正是思维深度的具体体现。

8.3.3 意识与再造

1. 热线

"热线"是指意识孕育成熟了的、与潜意识相沟通的一种设计思路。这种"热线"一旦闪现，就要紧追不舍，把设计思维活动推向高潮，向纵深发展，直到获得创意的成果。

2. 导引

灵感的迸发几乎都要通过某一偶然事件作为创意的"导火线"，刺激大脑，引起相关设计联想，然后才能闪现。只有找到了"诱因"，才能达到灵感的"一触即发"。如自由的想象、科学的幻想、发散式的想象、大胆的怀疑、多向的反思、偶遇的现象等。

3. 梦境

一个人身心进入似睡非睡状态时，脑电图显示出一系列的西塔波，即脑电波。人在做梦时，常常会迸发出设计创意的灵感。假想法正是一种可以冲破人们习惯性思考的方法，令人摆脱旧的思维定势，开拓创新设想，寻找解决问题的对策。

综合所述,设计师要激发创意潜能并非难事,但必须要做到下列几点。设计师应适度地放松,例如禅膝打坐、闭目冥想或运动、休闲旅游都是很好的方式。设计不能依附固定模式,预先设定立场与作法会限制创意。总之,假想法可使人透过司空见惯的现象,观察到新的光芒,帮助人超越现有的种种屏障造成的习惯意识,展开思维的自由飞翔,取得令人神往的新颖创意。世界上的事物万紫千红、异彩纷呈,创意思维与设计的技法也必然无穷无尽。创意设计系列技法也不可能是完美无缺的。中国有一句古话:"运用之妙,存乎一心",重要的是追求,不断地探索创新。

4. 心智图

此方法主要采用意念的概念,是设计观念图像化的思考策略。以线条、图形、符号、颜色、文字、数字等各样方式,将意念和信息以手绘的形式摘要下来。在设计概念上,具备开放性、系统性的特点,设计师能自由地激发扩散性思维,发挥联想力,又能有层次地将各类想法组织起来,以刺激大脑做出各方面的反应,从而得以发挥"手脑合一"的思考功能。

5. 发射

设计思维在一定时间内向外放射出来的数量,以及对外界刺激物做出反应的速度,是设计师对设计案例做出的快速反应,以激发新颖独特的构思。这是以丰富的联想为主导的创意技法系列,其特点是创造一切条件,打开想象大门;海阔天空,抛弃陈规戒律;由此及彼,发散空间无穷。虽然从技法层次上看属于初级层次,但它是打开因循守旧堡垒的第一个突破口,因此极为重要。"头脑风暴法"是联想系列技法的典型代表。它所规定的自由思考、禁止批判、谋求数量和结合改善等原则,都为丰富的想象创造了条件。其特点是把创意对象的完美、和谐、新奇放在首位,充分调动想象、直觉、灵感、审美等诸因子用各种技法实现,完美性意味着对创意作品的全面审视和开发,因而属于创意技法的最高层次。联想、类比、组合是臻美的可靠基础,而臻美则是发展方向。缺点列举法、希望点列举法均是有代表性的臻美技法。找出作品或产品的缺点,提出改进的希望,使其更完美、更有吸引力。作品或产品的完美是无止境的,臻美也是一个不断努力的过程。

在设计创意过程中,联想是基础,类比、组合是进一步发展,属于中间层次,而臻美是最高境界、最高层次。应当看到,一切创意技法都不过是创意设计的辅助工具,应根据具体实际情况具体发挥。

6. 求同与求异

艺术的求同、求异的思维,正如人的大脑为思维中心,思维的模式从外部聚合到这个中心点或从中心点向外发散出去,以此为基础又引申为思维的方向性模式,即思维的定向性、侧向性、逆向性发展。在室内设计中常常是多次反复,求同与求异二者相互联系、相互渗透、相互转化,从而产生抽象、反向、渐变和突变的新认识和创意思路。

7. 分解与重组

将原不相同亦无关联的设计元素加以整合,产生新的设计意念,如分离、接触、复叠、透叠。重组包括符号重组、轴线重组、色彩重组、肌理重组、方向重组,分合法利用模拟与隐喻的作用,协助思考者分析问题以产生不同的观点。

8.4 设计项目实训

设计是一项任务,任务是相对承担者而言的,不同的主体有不同的设计任务。明确装饰工程设计项目的相对性有助于界定项目的范围、目标和利益群体。一般项目都在一定时间内存在,明确项目的临时性有利于项目管理机制、机构、模式和手段的选择。投资项目必须有明确的建设目标，目标往往是多层次的，但每个项目只能有一个统一的直接目的。明确项目的目标性有利于确定项目实施和管理工作的方向，以下是针对装饰工程设计项目性质进行的具体分类。

8.4.1 酒店类

酒店是给宾客提供安全、舒适，并得到短期的休息或睡眠的空间载体，通过出售客房、餐饮及综合服务设施向客人提供服务，从而获得经济收益的组织。

我国酒店的典型特征是智能化与酒店服务相匹配，以实用性、经济性设计标准作为酒店未来发展的方向。酒店一般分为五个星级，在国外有各国的标准，硬软件均有严格的要求，同时，有为表达酒店的超级豪华、领先世界水平，称为六星级、七星级、八星级的酒店，如迪拜七星级伯茨酒店（又称帆船酒店）、亚特兰蒂斯酒店等。

酒店的规模一般以客房数或床位数划分。以客房数衡量，拥有 1000 间以上客房者为特大型酒店；500～1000 间为大型酒店；200～500 间为中型酒店；200 间以下为小型酒店。我国新建酒店的规模大多数处于中到大型之间，最高效率的酒店规模通常在 200 间客房左右（经济型或中等收费水平的酒店则为 120 间客房）。

为识别特定的细分市场、优化设施和投资范围，按不同特色和价格水平进行品牌层次的分类，可分为：豪华酒店、中等价位酒店、经济型酒店、度假区酒店。按市场层次可分为：主题酒店、商务酒店、度假酒店、艺术酒店、精品酒店、经济型酒店。

1. 主题酒店

主题酒店是以其所在地最有影响力的地域特征，集独特性、文化性和体验性为一体的服务设施。围绕这种主题建设具有全方位、差异性的酒店氛围和经营体系，从而营造出一种无法模仿和复制的独特魅力与品质特征。往往根据著名的历史典故、民间传说、童话和卡通题材甚至专门编创的故事进行创作，也可以选择某种具有鲜明文化特征和自然地理特征的"热点"地域或城市为背景，以此作为酒店的文化主题，并从这个主题中尽可能多地挖掘创作素材、设计元素和艺术符号。

设计项目实践 1——冲浪运动主题酒店设计

项目以冲浪运动作为酒店的设计主题，建筑设计的特征凸显曲线与动感。整体设计运用线型空间的设计方法体现冲浪运动的动感，海浪的造型体现了现代人坚强勇敢的品质，简单的弧线造型是从大自然中汲取的美感形式，突出现代和未来设计的极简主义特点。以人为本是冲浪运动主题酒店在设计过程中优先考虑的问题，在水面以下的建筑部分设计了海底观赏区，观赏区的旁边就是酒店餐厅的位置，人们在休憩聊天的同时可以欣赏到海底美丽的自然景色。酒店外设计了主题休闲娱乐区，冲浪后可以在这里享受美景、举办派对，不仅增添了旅行的乐趣，还为旅友提供了更好的交流平台。客房区域设计了颜色丰富、大小不同的冲浪滑板装饰，一方面符合酒店的设计主题，另一方面将这些滑板装饰依据不同人的身高设计成不同高度的扶手，为出行的老幼以及残疾人提供了相应的服务，既美观又能起到无障碍设施的作用。

冲浪运动主题酒店一层平面功能主要包括：大厅休闲娱乐区、大厅公共使用区、独立冲浪设施区、大厅休息等待区、多功能使用区、大厅办公专用区。二层平面功能分区主要包括：中西餐厅及备餐区、公共娱乐卫生区、中空观景区、儿童娱乐区、休息区、公共备品区。三至五层平面功能分区主要包括：标准单人间客房区、双人套房区、无障碍客房区、装饰观赏区、中空观景区。六层平面功能分区主要包括：豪华海景客房区、海景行政餐厅区、装饰观赏区、中空观景区。

冲浪运动主题酒店设计风格既有开放性、现代化的特点，同时兼具地方特色。酒店大堂内设商务中心、行政酒廊、厨房（供2层全日制餐厅及中餐厅使用）、行李房、酒店前台与办公。酒店设有全日制餐厅与中餐厅，全日制餐厅就餐人数不少于150人，设明档与自助餐台，中餐厅以包房形式为主，数量不少于5间，客房总数为80间左右。三层有连廊连通。酒店配套功能部分内设酒吧、泳池及配套、酒店健身房及相关配套、酒店办公、库房、酒店员工餐厅、布草、垃圾房、仓储、设备区、保安室等。综合展示场地用于企业展演、活动、公益会展及民众性艺术展。展示会场及前厅设计考虑场地的多样性，避免过多主体化装饰，以求空间能适应多种场地需求。设计充分考虑了照明，以求符合多样性要求。多功能厅既能作为企业培训、高端会晤、发布厅、企业年会使用，同时兼具酒店大宴会厅使用（图8.10）。

图 8.10　主题酒店大堂空间效果设计

设计部分采用环保GRG材料，以流线状与线状重组的设计碰撞突出酒店设计的活跃感和流动感，顶部连通的天窗保证了室内采光的充足，提升了大面积太阳能发电的利用率。酒店运用金属吊顶的形式，用曲线结构组成的吊灯来区分空间层次。设计VR技术感应区，可以在区域内使用VR眼镜体验真实的冲浪模拟效果。酒店公共区采用封闭式的白色与蓝色系的整体布置搭配悬浮科技的体验台，充满未来感和运动感的两种颜色使整个空间的特点更为突出，主题更加明确（图8.11、图8.12）。

图 8.11　主题酒店水吧效果设计

图 8.12　主题酒店西餐厅效果设计

2. 商务酒店

商务酒店是具备时尚、科技、品位、舒适等诸多资讯元素，致力于企业文化品牌培育的经营理念，地理位置一般是交通便利，临近商务密集区（如CBD），便于参加各种商务活动和会议，能接触到一些潜在的商务合作对象；同样，由于商务客人需要在短时期内完成各种商务活动，智能设施与互联网设施是最基本的要求。城市商务酒店是顺应当前全球经济活动的繁忙而快速发展起来的，由于其总体规模可大可小，投资或多或少，风格具有选择性，而功能布局、设备设施又有很大的共性，容易形成一种原则和标准，酒店整体的硬件标准较高；客房区域占酒店总建筑面积 50％ 以上；提供足够的餐厅、酒吧和健身娱乐设施。有至少多于客房数量 100％ 的餐厅餐位；大宴会厅同时是多功能厅，具备充足的会议设施；多功能厅前区面积最低不少于厅内面积的 1/3，确保商务会议空间的专业化和灵活性。

设计项目实践 2——皇家花园商务酒店设计

项目定位为五星级商务酒店，酒店坐落在吉林市商业区解放大路上，极佳的地理位置有着开发机遇，拥有一期建设完备和功能齐全的基础设施。本次设计需要了解地方风俗人情、气候、饮食习惯，体现文化底蕴。针对酒店进行可行性预算投资分析，及对酒店餐饮营业的概念、客房设备的配置概念、会议设施的概念、厨房动线进行分析。

酒店主要客源一是高贵客人、企业总裁等，私密性人群入住形式需特定的功能范围，内部设单独的酒吧，白天一切商务活动酒店免费提供，设置独立通道动线，一般将其设在顶层，客人的早餐一般是最简单的西餐。二是商务会议客人（包括专业研讨会、联合会议、销售团队及旅游群体入住），由于临近商业中心，可通过会议、商业会晤和社会活动来开展促销活动，补充酒店淡季和周末的部分客源，提高入住率。酒店客源入口有 4 个，动线快捷方便且宜疏散，住店客人由主大门入口经过前大堂进入中厅、大堂办理入住手续，经过客梯进入房间；商务会议、洽谈的客人进入前厅办理会议手续，进入中厅由左侧扶梯进入二层、三层，用餐客人可直接进入，右侧设计总统与特殊会议专用入口及通道，由观光电梯直接进入三层会议室，左侧入口直接进入酒吧，后侧为后场员工专用入口通道（图 8.13～图 8.16）。

图 8.13 商务酒店大堂空间效果设计

图 8.14 商务酒店西餐厅效果设计

图 8.15 商务酒店商务套房效果设计

图 8.16 商务酒店客房效果设计

酒店中庭共享空间是整体设计理念的主题，中庭是酒店空间转介点、视觉景观节点与视点中心，具有自然属性与社会属性，是时代的社会文化反映。在此尊贵的客人在一个生态化、自然化与戏剧化的背景下活动，进入色彩生动的场所，脱离了酒店周围喧哗的商业氛围，重新沐浴温室花园与大自然的阳光、空气，通过设计把自然景观引入室内。通过色彩、质感、肌理、尺度、高度、形状，实现自然与人的生理、心理的平衡。

3. 度假酒店

度假酒店是以接待休闲度假游客为主，是为休闲度假游客提供住宿、餐饮、娱乐与游乐等多种服务功能的酒店。与一般城市酒店不同，度假酒店不像城市酒店多位于城市中心位置，大多建在自然风景区附近，向游客传达着不同区域、不同民族丰富多彩的地域文化、历史文化。设计过程将文化要素融入酒店风格、室内装饰中，以提升酒店的吸引力、文化的独特性，度假酒店所处环境既反映了当地的旅游特色，又迎合了市场的需求。

设计项目实践 3——金都蔚景温德姆酒店设计

项目室内面积约 26000m²，酒店拥有百余间时尚现代的精致客房与套房，可饱览海港的迷人日落、城市夜晚的流光溢彩和鹿回头的翠绿山景。酒店设计风格集时尚、艺术、现代、波普风格于一体，将元素的自由碰撞，自然、人文与艺术融合，尊贵精致的品质，朴素与奢华共存，酒店风格鲜明欢快，配套设施雅致而不简单，所到之处均能看到色彩大胆的波普风格艺术品的陈列与摆放。

设计风格以简洁现代风格与中式新古典风格相融合，体现全新的文化特点，以自然、生态为设计理念，营造浓厚的文化气息和高雅的空间效果。在设计中考虑信息点位的布置以及智能管理点的设置，凸显智能化便利的功能；酒店依据设计原则要求大堂色彩亮丽，客房温馨、安静、方便。顶层酒店会所根据顶层层高及环境提出新意，考虑对外经营的特点进行激情创作。商务行政套房以极简主义设计风格，满足功能上的贵宾的宴请、商务事宜，主调以白色为主，追求简明、净化的一种内涵（图 8.17～图 8.22）。

图 8.17 度假酒店大堂平面设计

图 8.18　度假酒店室外环境景观设计

图 8.19　度假酒店休息空间效果设计

图 8.20　度假酒店茶室空间效果设计

图 8.21　度假酒店客房效果设计

图 8.22　度假酒店中庭接待区效果设计

设计项目实践 4——高新园区公寓型酒店设计

项目定位于商务型花园酒店公寓，确定以现代度假客房为主、休闲房为辅，引进休闲模式的服务模式，追求现代、简洁、明快的设计原则，要求装饰设计体现现代消费人群旅游及商务的特点。

公寓型酒店满足 CBD 商务、旅游群体的需求，可作为工作中的休息场所，同时满足旅行中商务、网上娱乐等需求。大厦在主体设计中已考虑了智能管理：综合布线、楼宇自控、计算机网络、监控、程控、有线、门禁、宽带接入，属于环保型酒店式公寓。装修材料选择绿色无污染的节能材料，以质感、色泽夺目，不以过度奢华和昂贵而取悦。客房格调上朴素高雅、空间开敞、尺度宜人、色泽淡雅，以东南亚的外部庭院为造景，格栅的门窗以简洁的板带分割，顶棚采用东南亚梁造型，嵌入圆形简化吉祥图案，设计追求符号简化，体现独特风貌。套房体现豪华、庄重，图案式样采用现代泰式风格设计，并筛除繁琐的图案样式，单纯、简明、舒适。陈设家具体现现代一流品牌家具，家具中细小的花纹图案，华丽的织物，体现出平静、开放、奢华、优雅的东方文化氛围（图 8.23～图 8.28）。

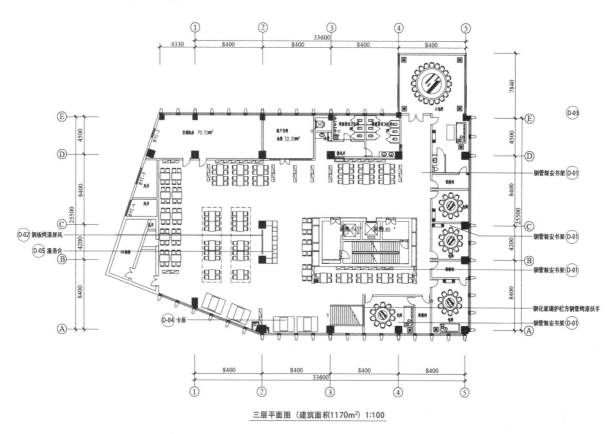

图 8.23　公寓型酒店餐厅平面设计

4. 经济型酒店

经济型酒店又称为有限服务酒店，最大的优势是房价便宜，服务模式为"b&b"（住宿＋早餐），为消费者提供安全卫生的客房服务（床＋卫浴），从而使顾客花少的钱就能享受舒适的睡眠，填补了高星级酒店价格高昂，以及低星级酒店和社会招待所价格低但卫生、服务没有保障之间巨大的市场消费空间。

经济型酒店的目标市场是一般商务人士、工薪阶层、普通自费旅游者和学生群体等。经营模式有公寓式酒店、产权式酒店、汽车酒店、娱乐酒店等。

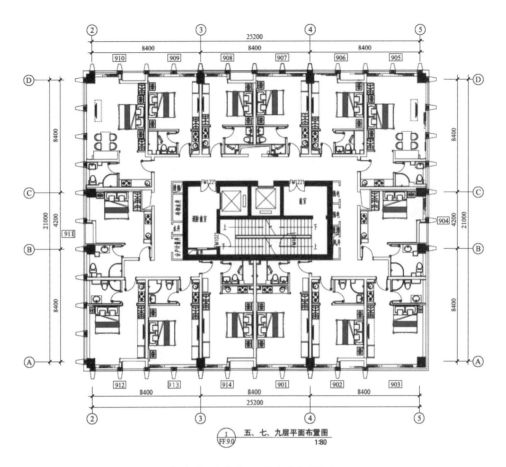

图 8.24　公寓型酒店客房区平面设计

图 8.25　公寓型酒店接待区效果设计

图 8.26　公寓型酒店健身区效果设计

图 8.27　公寓型酒店餐厅效果设计　　　　　　　　　　图 8.28　公寓型酒店客房效果设计

设计项目实践 5——ai. 9 快捷酒店设计

项目基于在满足经济性与舒适性需求的基础上，与过度的消费装饰保持距离，回归到空间与环境本质关系的探讨上，因此在空间上打造了通透、纯净的感觉，与临窗的环境相呼应。建筑内部空间被重构，外观与室内都以极简、自然为设计基调，除大面积的白色或类白色的材质外，搭配木色等低饱和度的色彩，营造质朴、简洁、丰富的视觉感受，同时在原有格子式房间的基础上设计了丰富灵活的房间格局，在满足多房型设置需求的同时，也提升了客户的入住体验，让居住者在干净整洁的环境中依然能感受到多元的内容。

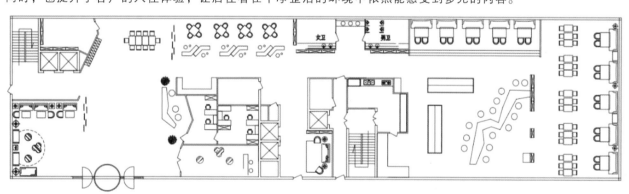

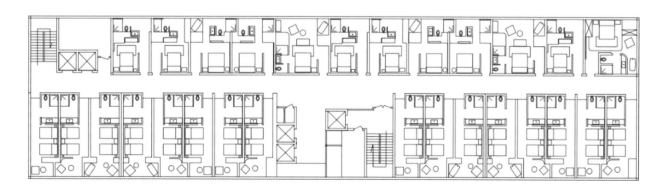

图 8.29　经济型酒店接待区平面设计

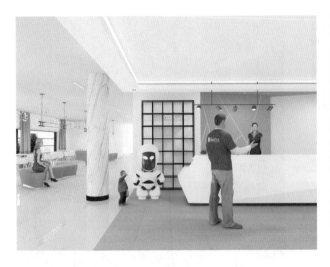

图 8.30 经济型酒店接待区效果设计

图 8.31 经济型酒店餐厅效果设计

图 8.32 经济型酒店客房效果设计

酒店建筑主体为较规整的矩形结构，临海而建，共有 5 层，地面 4 层，地下 1 层。建筑长 70m，高 15.2m，总进深 18m，建筑面积约 1260m²，客房 65 间。本方案一层为公共空间，围绕服务大厅设有休息室、水吧、候梯厅等空间，穿过水吧为公共餐厅；海鲜加工场所位于地下一层，避免入住者与服务人员的动线交叉。二、三层为客房区域，房型为大床房与双人间，顶层是可以容纳 3～4 人的套房空间，视线更加开阔。每个房间都设置了地台式阳台，与落地窗结合，拥有充足的采光和独有的景致。根据房间规格设置不同的隔断墙，或将卫浴区置于临窗阳台，视线开阔，可欣赏天空与海景（图 8.29～图 8.32）。

5. 民宿

民宿是指利用自用住宅空闲房间，结合当地人文、自然景观、生态、环境资源及农林渔牧生产活动及生活方式，为外出郊游或远行的旅客提供人性化的住宿场所。例如民宅、农庄、农舍、牧场等，都可以归纳成民宿类。没有高级奢华的设施，却能让宾客体验当地风情、感受民宿主人的热情与服务，并体验有别于以往的旅途生活。

设计项目实践 6——广鹿岛民宿设计

项目从民宿的位置、环境、特色、形式及周围的生态自然景观等方面进行分析，以调查研究作为规划设计的依据，充分对民宿的设计环节构建框架与设计图，为消费者打造满意、舒适、高质量的民宿。此外，民宿周边的环境及房间装饰注重宾客的体验感，在保证利益最大化的同时，依旧延续历史文化存留下来的传统氛围。因此，在对民宿设计的不断创新发展中，打破传统民宿设计规模与制度的束缚，让民宿成为一种大众都能接受的住宿体验，在民宿中融入大众的情怀，把乡村旅游看作是回归自然、回归家乡的一种慰藉，把慢生活理念融入到民宿设计中，把文化与乡愁之感融入到民宿风格中（图 8.33～图 8.38）。

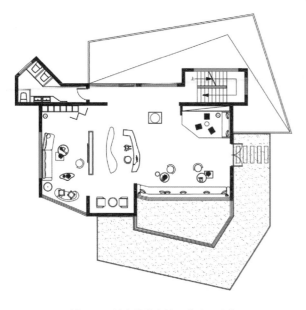

图 8.33　民宿接待空间一层平面设计

图 8.34　民宿接待空间二层平面设计

图 8.35　民宿接待空间效果设计

图 8.36　民宿餐饮空间效果设计

图 8.37　民宿卧室空间效果设计

图 8.38　民宿儿童房空间效果设计

8.4.2　餐饮类

餐饮是指利用餐饮设备、场所和餐饮原料，从事饮食烹饪、加工，为社会生活服务的生产经营性服务行业。餐饮空间的设计强调文化艺术氛围，是一种人们在满足温饱之后更高的精神追求，具有展示其他多方面含义的特性，更加需要创造某种形式的视觉语言环境。可以说，餐饮空间设计是在特定的历史文化语境环境影响下的选择性创造。餐饮业必须要有足够令人放松精神的环境或气氛场所，满足顾客差异化的需求与期望，并使经营者实现经营目标与利润的最大化。

设计项目实践 7——ROJM 综合餐饮空间设计

项目是集西餐、展览、酒吧为一体的综合餐饮空间。门店选址考虑到市中心的地理位置所具有的集中特点，能够丰富周边街道公共区域的商业与休闲体验，使前卫文化与经典文化融为一体。运用视觉符号让多业态融合统一，打破固有思维概念，是极具挑战性的尝试。空间整体的结构灵感源于西班牙卡尔佩的红房子的几何建筑风格，天花悬吊错落有致的动感飘浮装置，打破了原有建筑的固定界限。红色镀膜玻璃的透明属性在起到隔断作用的同时，没有破坏整体空间的通透性，并增添了一丝神秘感和朦胧感。选用个性的有色混凝土与天然石材，将整个空间打造成极具设计感的艺术展廊。一层室内是咖啡厅、酒吧与画廊，在堂食后可以购买酒庄直销的红酒；画廊周期性更新主题展览；西餐的餐饮区域整个空间将艺术与生活恰当融合，意在打造多元化的休闲体验（图 8.39、图 8.40）。

图 8.39　餐饮空间的文化语境效果设计　　　　　　　　　图 8.40　餐饮空间的特定区域环境效果设计

8.4.3　休闲洗浴类

休闲洗浴是提供沐浴服务的休闲场所，集商务、洗浴、客房、棋牌、娱乐、健身、SPA 等休闲功能于一体。洗浴中心按综合功能突显某种特点或者按照市场营销定位的不同，主要划分为：休闲大浴场、娱乐大浴场、商务会馆、休闲会所、SPA 水会、沐浴主题酒店、精品水会。随着休闲方式的多元化发展，休闲洗浴在业态形式与市场接轨的过程中发生了细分变化，洗浴中心的经营业态分为沐浴主题酒店、水疗乐园、精品商务水会、温泉水疗酒店、SPA 水疗会所等。

设计项目实践 8——帝豪休闲洗浴中心设计

项目具有明显象征意义的阿拉伯设计元素，使消费者步入其间就感受到独特的地域文化，体验多元文化融合的和谐共存，给人带来心理上的愉悦和情感上的享受。休闲洗浴空间功能划分：空间整体面积约 22670m²，迎宾区约 240m²，大堂区约 950m²，男女浴区约 1678m²，玉石房约 540m²，睡眠区约 1560m²，设有客房、棋牌室等。接待厅上方有一个环形发光天花，作为接待厅的展示，在入口处两侧设有水景，光影映射在金碧辉煌的墙面上，形成一幅抽象画作。厅内种植了高大的棕榈树，让空间随着视觉延伸到窗外，创造深邃的景深。进入接待厅，映入眼帘的是展台，中间云石台柱作空间区断，以大型雕塑为主景，后方则是产品的建筑模型。服务动线是以一道开了各式窗口的墙作为屏蔽，浮塑作品错落布置在背景墙上，伸展台后方的中庭有着另一盏天光，到访者漫步其中能感受到窗外的光及艺术氛围，并藉此模糊了室内外的界线。置于角落的火焰琉璃雕塑摆放在通往二楼 VIP 休闲区，构成一场精彩的雕塑展，从织品、雕塑到建筑，以艺术为主轴，仿佛参与一场盛宴，令人流连忘返（图 8.41、图 8.42）。

图 8.41　休闲洗浴中心接待区空间效果设计

图 8.42　休闲洗浴中心洗浴区空间效果设计

设计项目实践 9——咨询温泉休闲酒店设计

项目以现代时尚风格与韩式文化相结合，体现延吉当地的人文特色，以金达莱花主体的暗喻性及叙述性传达地域文化与历史文化，通过情态空间环境融入饰品及符号，酒店规划设计体现地方风俗人情、气候、习惯，吸引客人光顾酒店。酒店大堂及大堂吧共享空间是设计主题，大堂是酒店空间转介点、视觉景观节点与视点中心，大堂空间通过中心轴与两侧轴向四面扩张，中心主通道入口以柱体延续空间，同时划分空间边界。中心区以高差来展示空间主题，服务台中心以金达莱主题来阐释朝鲜族文化符号，空间运用虚实、对比、对景、借景、渗透的设计手法。餐厅空间力求简洁有力的处理手段，立面强调秩序性，追求高、宽的视觉效果，顶棚及墙面重点部位采用人造云石以增加空间感，灯饰选择特种工艺效果，反映韩式文化设计主题。酒店四层以上分布了首尔花园客房、仁川景观客房、釜山商务客房（图 8.43～图 8.47）。

图 8.43　温泉休闲酒店外观环境效果设计

图 8.44　温泉休闲酒店空间效果设计

图 8.45　温泉休闲酒店餐饮空间效果设计

图 8.46　温泉休闲酒店洗浴空间效果设计

图 8.47　温泉休闲酒店包厢效果设计

8.4.4　商业展卖类

商业展卖空间的业态又称为零售业态，是指零售企业为满足不同的消费需求而形成的不同的经营形态。零售业态的分类主要依据零售业的选址、规模、目标顾客、商品结构、店堂设施、经营方式、服务功能等确定。零售业的主要业态有购物中心、百货店、超级市场、大型综合超市、便利店、仓储式商场、专业店、专卖店等。

1. 专卖店

专卖店是专门经营或授权经营某一品牌商品，以制造商品牌和中间商品牌为主的零售业态。一般选址在繁华商业区、百货店、购物中心内；营业面积根据经营商品的特点而定；以著名品牌、大众品牌为主；销售体现量小、质优、高毛利；开架面售，设计店面时尚讲究；注重品牌效应。

2. 百货店

百货店是指在建筑空间内经营各类商品并统一管理，分摊区域销售，满足顾客对时尚商品多样化选择需求的零售业态。从服务人群到经营观念、品牌经营的系统化定位，设计多考虑商品流通的特点，努力激发顾客潜在的购买欲，创造优美的购物环境，使其适应不同层次、年龄、性别的顾客需要（图 8.48、图 8.49）。

图 8.48　百货店的多样化业态形式　　　　　　　　　图 8.49　百货店的二层动线导向

8.4.5　办公类

办公室是处理特定事务或提供服务的地方，由办公设备、办公人员及其他辅助设备组成。为使用者提供工作办公的场所，不同类型企业的办公场所有所不同。不同企业文化决定了不同风格的商务办公空间，例如科技类、设计类公司具有时尚、前卫的商务办公环境。现代办公空间具有智能化、功能化、生态化的特点。

1. 科技及网络办公空间

高科技及网络办公空间主要以信息技术为核心，涉及范围包括电子设备、集成电路、通信器材等。由于经营范围是高科技产品，以科技人员为主，都是非常有创

图 8.50　网络科技办公空间市场部效果设计

新意识、个性比较随意的群体。办公空间设计理念是兼具科技感、时尚感、时代感和休闲感，办公人员需要最佳的沟通环境，最大限度地启发创新思维。

设计项目实践 10——四方台网络科技办公空间设计

项目定位于 CBD 高科技智能化的建设标准和商务办公管理模式，定位基点为国际化、现代化、智能化，运用现代设计理念及高技派表现手法，力求营造简洁、明快、恬静、高雅的现代科技智能化商务办公大厦的独特魅力。本方案设计面积 3100m²，主要分为公共接待区、精品展示区、路演厅、展览厅、法务部、行政部、交易部、结算部、市场部等（图 8.50～图 8.52）。

顶棚采用折线的元素空间组合，象征人类未来通向宇宙、星空，把最小元素放大，分子、原子、粒子符号无限放大，体现科技的无限发展与时空变迁。办公区顶棚中心设置大的暴露式顶棚造型，引进自然光，体现积极向上的设计概念，运用特殊高能光的影像系统设计效果。墙面运用电路元素秩序竖向排列，增加空间秩序性。通过对光的透射、反射、折射、散射等，赋予空间柔和、韵律之感，体现空间的艺术效果。主材选定深灰色意大利线型纹板岩，通过光源丰富空间层次，用简洁、明快、高雅的设计语言来满足商务办公的需求。

图 8.51　网络科技办公空间休闲区效果设计　　　　　　图 8.52　网络科技办公空间交易部效果设计

2. 金融服务办公空间

金融服务办公空间主要指银行、投资信托、保险等的办公空间，现代科技改变了对银行的观念，高科技设备的应用要求在银行设计时需考虑计算机主机的安置空间和电脑终端机的操作空间。电脑房和电脑台对防尘、防静电、防停电，以及地面走线等有特殊要求，现代科技的发展更新了银行设计的观念。

设计项目实践 11——银行办公楼设计

项目设计涵盖金融办公、休闲等多样性配套功能。设计中充分考虑室内空间与建筑本体、环境的共生关系。室内空间利用合理化、多样性，公共空间动线合理，配套空间功能完备。设计时考虑空间的延展功能，一定范围内空间利用的持续性。设计中体现和应用新技术、新材料、新方法，打造环保、低碳、富有人性化的办公空间。银行办公楼大堂设计充分考虑人流动线，内部办公人员与储蓄客户分流控制，设置公共等候空间便于分散人流，二层设立 VIP 包房区域以满足高端金融人群需求，区域在空间上相对独立，设有单独服务台。员工活动区域动静结合，银行二层设置书吧、水吧、休息厅、活动区等功能场所，活动区在必要时可改为办公空间。设计风格既有开放现代的特点，同时兼具地方特色（图 8.53、图 8.54）。

图 8.53　银行一层办公大厅效果设计　　　　　　图 8.54　银行地下一层大厅效果设计

设计项目实践 12——IC 投资大厦设计

现代构成元素使瞬息万变的信息藏匿于虚拟世界中，让人毫不察觉其质量的变化。IC 投资大厦设计以高科技、未来感为设计理念，以元宇宙为设计主题，用数据化形式作为设计元素，营造出一种穿越时空通往异次元世界的场景，赋予场地未来时空般的感觉。整体采用复合材料与参数化线性元素进行提取和弯曲变形，使空间具有速度感及科技感。服务台的设计与整个空间场景相呼应，以形成故事般的空间。墙面采用木纹纹理大理石，地面主材为鱼肚大理石，通过光源丰富空间层次与秩序。灯光与大理石的穿插结合使得整个空间构成感更为突出并相互映衬。视野上不做过多的遮挡，营造出空旷的科技感，用大面积白色与星空点缀以营造出异世界元宇宙的感觉，让未来科技走进现代科技化办公殿堂。

项目位于大连市高新园区，是以高新产业为龙头的办公集聚中心，大厦一层设计面积 1577m²，其中一层大堂 957m²，一层候梯厅、电梯厅 107m²。设计采用现代科技材料等手段将具有智能感应、智能调控相关元素融入建筑中（图 8.55、图 8.56）。

图 8.55　投资大厦办公类大厅效果设计　　　　　图 8.56　投资大厦办公类大厅休息区效果设计

3. 政府部门、商贸企业办公空间

政府部门办公空间注重严肃、庄重、简洁，空间设计采用对称均衡美的形式来处理。区域划分根据工作的实际需要，以方便人员的使用，提高工作效率。办公环境设计趋于人性化，更贴近交流、融洽、高效。

设计项目实践 13——辽宁国际会议中心设计

项目定位为高级领导人的会议、疗养场所，体现国际化、现代化的设计理念。运用现代设计及高技派表现手法，力求简洁、明快、恬静、高雅的特有魅力，具有独特的地理环境与地域文化，尊重自然、遵从文化，感物吟志。设计原则体现北方明珠的隐喻、简约的设计手法，白色为主调，虚实结合，用简洁、明快、高雅的设计语言来满足贵宾进行会议、休闲与放松的心境。空间采用简洁大气的设计手段，立面强调秩序性，追求高、宽的视觉效果，顶棚及墙面重点部位运用钢化夹丝玻璃以增加空间感，灯饰选择特种工艺效果反映东方文化设计主题，墙面用木纹色造型与人造云石共同构成空间秩序性。结合特定的环境，重点处理地面、玻璃、云石透光效果，以及墙身深色樱桃木饰面板的展示和别具风格的隐藏光源烘托，使整个空间更具亲和力，本设计在风格上延伸和诠释了大堂独特的创意和构思语汇，进一步强调了装饰艺术对空间的处理手法的可塑性（图 8.57～图 8.59）。

4. 艺术类文化空间

艺术类文化空间包括画室及各种展示类的文化空间，设计上必须考虑到采光的充分程度，设计环境需要激发设计师灵感，并且空间追求简洁、大方、舒适、安静的效果。墙面应悬挂已装裱的佳作，烘托营造浓厚的艺术文化气氛。

图 8.57　国际会议中心大厅效果设计

图 8.58　国际会议中心大厅水吧效果设计

图 8.59　国际会议中心休息区效果设计

设计项目实践 14——计家墩文化艺术中心设计

项目融合自然，模糊室内外界限，室内最大化地映入室外庭院的景观。借鉴传统园林的"借景"手法，在空间底层做开敞设计，用建筑中庭贯穿上下空间，将院内景观和自然光线充分引入室内，使其通透敞亮，自然光线充足，建筑与自然融为一体。设计以无界的状态呈现出一个悬浮的姿态，底层架空，呈现无边界的状态，为首层场地创造更多的可能性和互动性，使室内外空间产生交流，让人更愿意停留下来参与故事的发生。植入一条"之"字形路线，强调自由漫步行走，将空间整体串联起来。用化零为整的方式塑造空间体量，使整个空间更加灵活，人们可以随意交流，整个空间更加自由流动，不同的角落可以发生不同的故事。进入中庭，可以上下互动，形成丰富的垂直关系，光线从上方介入，使自然与建筑更好地融合。

文化艺术空间的设计，作为一种具有特性的场所塑造，应当包容集体意识与人性化环境等方面的因素，是设计个性及人性化的生存环境的集中体现。项目占地面积为 816m²，建筑面积 2348m²，高度为 17m，共三层。项目总体用"回"字形庭院作为基本模块单位，使用面积较多的是方圆之间的几何空间，结合周围的环境使建筑成为自然环境的延伸和生长（图 8.60～图 8.62）。

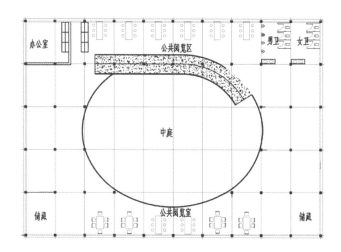

图 8.60 文化艺术中心平面设计

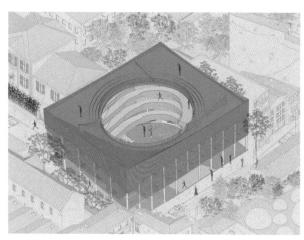

图 8.61 文化艺术中心效果设计

图 8.62 文化艺术中心中庭效果设计

8.4.6　健康医疗类

健康医疗建筑需将复杂医疗体系的专业知识运用建筑空间衔接起来。建筑功能空间还要具备适应不断变化的医疗体系、满足患者的医疗需求，能够促进积极的空间活动，激发正向的人体感知的空间。

1. 康养空间

养老概念是对老年人衣、食、住、行等生活的基本照料和护理，以及精神文化生活和健康的保障，包括老年人自身积极主动的养心养性。"养"指的是养生、养护、调养、保养和修养的含义。健康养老模式重在老年病和慢性病的防治，采用保养健康的方式和方法延缓衰老，让病情减少恶化、减少发展或让疾病尽可能往好的方面转变，或者恢复到一种相对正常的健康状态，并让心情保持一种快乐的状态。

随着物质生活水平提高，人们追求"健康、愉快、长寿"的高品质生活，健康养生分为"身"和"心"两部分，身心健康是人们追求幸福人生的必要条件。康养目标群体从孕幼到少年群（身心健康孕育智慧宝宝群）、养生保健人群（中青年人群）、医疗康复人群（疾病人群）、美容康体人群（健康人群）、银发养老人群（老年人群）。康养一是通过自然生态与文化环境氛围的营造，为消费者提供放松身心的度假和居住环境，让身心状态达到初步的平衡和放松状态；二是构建"防治养"一体化的内容和服务，抓预防，治未病，让身心远离疾病；抓治疗，治已病，让身心恢复健康；抓康复，治末病，让身心满足愉快。

设计项目实践 15——香洲田园城养老中心设计

项目位于大连市瓦房店谢屯，是以养老旅游度假产业为龙头的康体健身养生酒店，总建筑占地面积为 3710m²，

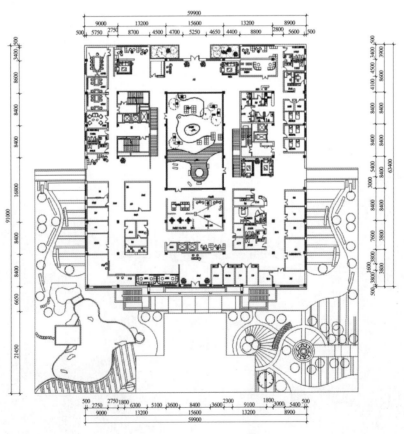

图 8.63　养老中心一层平面设计

室内有效面积约为 10200m²，功能区分为自理老人、介助老人、介护老人各一栋，公共食堂以及大厅休闲处、公共景观环境约为 1600m²。设计任务是打造一个居家社区型的老年休养中心，为老年人提供一个舒适的生活环境，以解决子女困难，帮助老人健康生活，使老年人在休闲娱乐活动中体验到了愉悦心情从而达到了养老的目的；香洲田园城养老中心共分四个接待区，一层设有酒店大厅面积约 620m²（迎宾台、前台办公室、休闲区、行李间、卫生间），二层中餐厅（服务区、备品室、备餐间）总面积约 520m²，客房 118 间（图 8.63～图 8.65）。

图 8.64　养老中心建筑外立面效果设计

2. 医疗空间

医疗空间是满足医疗功能和先进医疗设备技术的要求，以人为本地营造病人治疗及医护人员工作的空间环境。医院作为特殊的公众场所，对卫生环境要求比较高，既要求环境美化，更需要健康的治疗环境。

3. 医美空间

医疗美容是指运用药物、手术、医疗器械以及其他具有创伤性或者不可逆性的医学技术方法，对人的容貌和人体各部位形态进行的修复与再塑的美容方式。它是一门遵循医学理论、美学原理，运用医疗技术美学疗法来维护、修复和再塑健康的人体

图 8.65　养老中心客房效果设计

美，以增进人的生命活力美感和提高生命质量为目的的科学。其范围涵盖医学美学理论、美容外科、皮肤美容、牙齿美容、物理美容、中医美容等。医美空间需要专业的设计要求。

设计项目实践 16——悦美整形美容医院设计

项目旨在为当代女性打造艺术化的医美场所，让尊贵女士置身其中仿佛进入当代艺术化的殿堂，接近完美、走进更美，向完美更进一步。进入大厅，粉白色的装饰墙映入眼帘，搭配温馨的灯光烘托氛围，与周围的一切都显得格外贴合，设计中空间尺度的合理把控、大小空间的交替组合、线面交融呈现的飘带，拥有不一样的韵味。四周"弧线"的造型仿佛"丝带"一般翩翩起舞，色彩上大胆地运用暖粉色营造空间氛围。空间中通

过植物点缀，透着青春的气息。闭上眼睛，伴随着清风徐来，一阵清香扑面而来，让人置身于浪漫之中，仿佛四周有人挥舞着丝带对你微笑，正如空间渴望艺术的融入，空间需要艺术，艺术也成就了空间，设计营造出一种众里寻他千百度，蓦然回首皆是美景的意境（图8.66～图8.69）。

图 8.66　整形美容医院理疗区效果设计

图 8.67　整形美容医院楼梯空间效果设计

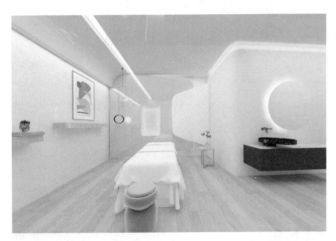

图 8.68　整形美容医院美容区效果设计

图 8.69　整形美容医院诊室效果设计

8.4.7　居室类

居室设计是通过设计手法和艺术手段创造一个合乎居住者生活方式、心理需求、生活习俗、行为规范、审美情趣、性格特征的高品质的居室环境。随着科技的发展和社会文明程度的提高，家居的概念已经在向极简、多元化的方向发展，家居设计将在各个层面向人们展示它独特的文化内涵，满足不同层次人群的居家需求。人们的需要、价值观、生活方式和理想转化为居室形态并创造了不同的方式，居室设计跨地域、跨时空的研究向我们提示人类需求的共性。

设计项目实践 17——红旗谷别墅项目设计（一）

项目总建筑面积 785m²，设计理念为"归以简居"，寓意一个"简居"的生活可以从这里开始。根据业主要求，将空间定位于高品位的北欧简约风格，褪去浮华、返璞归真的初衷，使之融于大自然的朴实美感，更符合业主对理想生活的定义，既简单又温馨。空间主体材料为木材、大理石、金属质感的蓝色装饰线，色彩上以高级灰、蓝及简约白为主，辅以蓝色，绿色用以点缀。根据业主需要，设置储物空间供收纳物品，根据空间特点设置较多置物区，且业主爱好收藏，设置了专门放藏品的位置，预留学习、娱乐的空间。考虑到空间独特的特点，在部分区域用艺术隔断来区分各个区域，让室内与景观相互结合，打造自然奢华的感觉（图 8.70～图 8.75）。

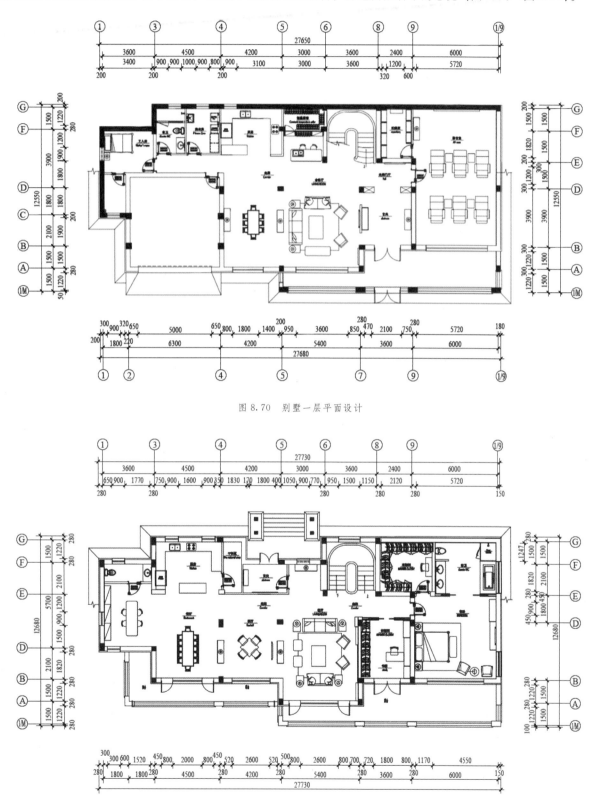

图 8.70　别墅一层平面设计

图 8.71　别墅二层平面设计

图 8.72　别墅空间客厅效果设计　　　　　　　　　　图 8.73　别墅空间起居室效果设计

图 8.74　别墅空间水吧效果设计　　　　　　　　　　图 8.75　别墅空间主卧室效果设计

设计项目实践 18——红旗谷别墅项目设计（二）

项目总建筑面积 460m²，设计风格定位为新中式轻奢风格。整体效果古朴、大方、自然、有趣。运用减法

图 8.76　别墅空间客厅效果设计　　　　　　　　　　图 8.77　别墅空间餐厅效果设计

设计，在感官上追求极简自然，在思想上追求高层次的精神愉悦感。借中国山水画中的留白、收放、聚散等手法进行处理。在空间布局上，借山水意境添加空间自然自由和谐之味。在区域空间动线划分上，把主人区域与客人区域分开，缩短空间动线距离。材料采用木质结合玻璃合金等现代化材料，打造多元化空间。利用分割空间的手段打造有趣、宁静的空间，减少实墙增加深远之境，并留出更多的空间来隐藏更深层的想象空间（图8.76～图8.79)。

图 8.78　别墅空间厨房效果设计　　　　　　　　　　图 8.79　别墅空间主卧效果设计

设 计 项 目 名 称	设 计 师
设计项目案例分析 1：香洲小人国儿童乐园主题酒店	盖永成　张天骄
设计项目案例分析 2：南宋御街符号餐饮空间设计	李雪婷　郭潇
设计项目案例分析 3：星海亲子儿童乐园空间设计	郭潇　张天骄
设计项目案例分析 4：显铭泰式休闲洗浴空间设计	盖永成　郭潇
设计项目案例分析 5：团山花园度假酒店	盖永成　郭潇
设计项目实践 1——冲浪运动主题酒店设计	王真子
设计项目实践 2——皇家花园商务酒店设计	盖永成　刘洪明
设计项目实践 3——金都蔚景温德姆酒店设计	于雷
设计项目实践 4——高新园区公寓型酒店设计	盖文来　郭潇
设计项目实践 5——ai.9 快捷酒店设计	冯卓婕
设计项目实践 6——广鹿岛民宿设计	郭潇　商甜
设计项目实践 7——ROJM 综合餐饮空间设计	盖文来　路大壮
设计项目实践 8——帝豪休闲洗浴中心设计	王守平　郭潇
设计项目实践 9——咨询温泉休闲酒店设计	盖永成　郭潇
设计项目实践 10——四方台网络科技办公空间设计	盖文来　路大壮
设计项目实践 11——银行办公楼设计	盖文来　路大壮
设计项目实践 12——IC 投资大厦设计	盖文来　郭潇
设计项目实践 13——辽宁国际会议中心设计	盖永成　郭潇
设计项目实践 14——计家墩文化艺术中心设计	张淑敏　路大壮
设计项目实践 15——香洲田园城养老中心设计	付晨辰
设计项目实践 16——悦美整形美容医院设计	郭红利　路大壮
设计项目实践 17——红旗谷别墅项目设计（一）	盖永成　郭潇
设计项目实践 18——红旗谷别墅项目设计（二）	盖永成　郭潇